Jillayne Prince Wallaker

Lebensnahe Sachaufgaben

Mathematik

Band 2
Sekundarstufe I

Edition MoPÄD

Über dieses Buch

Die Schülerinnen und Schüler werden an diesen Arbeitsblättern viel Freude haben, da es zum mathematischen Forschen einlädt und auch anregt, über das Geforderte hinaus Ideen für Aufgaben zu entwickeln. Die Aufgaben eignen sich für Einzel-, Partner- und Gruppenarbeit und ergänzen das übliche Curriculum.

Jedes Arbeitsblatt beginnt mit einer kleinen Einführungsgeschichte, **Darum geht's**, die die grundlegenden Informationen zur Bearbeitung der folgenden **Aufgabe** enthält.

Die **Arbeitsschritte** sollen es den Jugendlichen ermöglichen, sofort und selbstständig mit der Arbeit zu beginnen. Sie bieten gleichzeitig genug Hilfen, um den größten Teil der Aufgaben selbstständig durchführen zu können.

Für Schülerinnen und Schüler, die sehr schnell arbeiten oder eine weitere Herausforderung brauchen, gibt es jeweils eine weiterführende **Zusatzaufgabe**.

Die anhand der Aufgaben geübten Fertigkeiten sind in der Fußzeile angegeben, ebenso ihr Schwierigkeitsgrad: (einfacher) oder (schwieriger).

Gedruckt auf umweltbewusst gefertigtem, chlorfrei gebleichtem und alterungsbeständigem Papier.

1. deutsche Auflage 2005

This work is published under agreement with McGraw-Hill International (UK) Limited trading as Learning Development Aids.

Übersetzung: Irmgard Fliegner
Satz: MouseDesign Medien AG, Zeven

ISBN 3-89358-**667**-9

Inhalt

SCHWIERIGKEITSGRAD 1

SCHWIERIGKEITSGRAD 2

Die richtige Gleichung finden

Darum geht's

Julia und Anton schreiben Textaufgaben. Anton hat eine fertig und fordert Julia auf, die richtige Rechnung zu finden und dann die richtigen Zahlen in die Lücken einzutragen. Er hat einige überflüssige Informationen hinzugefügt, die Julia verwirren sollen.

Erik hat _____ Stifte. Niko hat _____ weniger als Erik. Dorothea hat _____ Stifte in ihrer Federtasche. Wie viele Stifte hat Niko? Welche Aufgabe zeigt die richtige Antwort?

(56 – 46 = 10 oder 56 : 8 = 7 oder 12 • 2 = 24)

Nun hat Erik eine Aufgabe für Anton geschrieben:

Die _____ Jahre alte Jessica hat _____ Jahre lang in der Eichenstraße Nr. _____ gewohnt. Sie wohnt jetzt schon doppelt so lange in der Ulmenstraße. Wie lange wohnt sie in der Ulmenstraße?
Welche Aufgabe zeigt die richtige Antwort?

(2 • 4 = 8 oder 12 : 6 = 2 oder 234 – 15 = 219)

Aufgabe

Löse Julias und Antons Aufgaben. Schreib dann selbst mindestens fünf Aufgaben in diesem Stil.

Zusatzaufgabe
In die Aufgabe waren Zusatzinformationen eingefügt, damit du sehr genau und sorgfältig liest. Streich alle Sätze oder Satzteile aus, die für die Lösung der Textaufgabe nicht nötig sind.

Arbeitsschritte

Überleg dir eine Reihe Schlüsselwörter wie *mehr, weniger, weggenommen.* Schreib fünf Textaufgaben, in denen du die Schlüsselwörter benutzt. Füge Zusatzinformationen in die Texte ein. Schreib mindestens zwei Gleichungen: Eine die passt und eine, die nicht passt.
Falte ein Blatt Papier zu einer Standkarte. Schreib den Text und die Gleichungen auf die Außenseite und die Antwort auf die Innenseite. Rechne deine Aufgaben nach.

Wer macht mehr Mathematik?

Darum geht's

Lukas und Emma streiten sich darüber, wer am meisten Mathematik macht. Sie möchten den Streit schlichten und nehmen sich vor, einen Tag lang jedes Mal zu notieren, wenn sie Mathematik anwenden. Emma findet, dass sie für jedes fünfte Mal ein Beispiel aufschreiben sollten, damit sie sicher sind, dass sie nicht geschummelt haben.

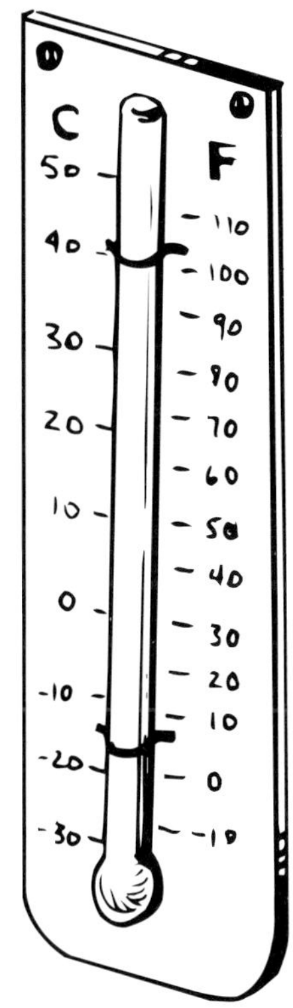

Aufgabe

Mach einen Tag lang jedes Mal einen Strich, wenn du Mathematik anwenden musst. Für jedes fünfte Mal schreibst du ein Beispiel auf, was genau du gemacht hast.

Zusatzaufgabe

Vergleich deine Ergebnisse und deine Kategorien mit denen anderer Schüler. Schreib einen Werbetext oder zeichne eine Bildergeschichte über die Wichtigkeit von Mathematik.

Arbeitsschritte

Mach eine Tabelle mit mathematischen Kategorien wie *Entfernung schätzen, Umgang mit Daten, Messungen, Zählen, Temperatur* und *Geld.* Notiere jedes Mal, wenn du etwas Mathematisches tust, in der richtigen Spalte. Es kann sein, dass du noch weitere Kategorien hinzufügen musst. Stell eine Grafik von deinen Ergebnissen her.

Schreib über mindestens zwei Dinge, die du heute entdeckt hast und präsentiere sie deiner Klasse.

Pizza und Video

Darum geht's

Stefan hat zwei Freunde zum Pizza-Essen und Video-Gucken eingeladen. Seine Mutter bestellt zwei Pizzas für die drei Jungen. Stefan möchte wissen, wie viel Pizza jeder bekommt, wenn sie genau teilen.

Aufgabe

Zeig Stefan, wie viel Pizza jeder kriegt, und beschreibe es in einigen Sätzen.

Zusatzaufgabe
Schreib eine Bruch-Aufgabe (mit Rechnung), die deine Lösung erklärt.

Arbeitsschritte

Schneid zwei Scheiben aus, die deine Pizzas darstellen sollen. Benutz ein Geodreieck, um die Pizzas in gleich große Stücke aufzuteilen. Erklär deine Lösung schriftlich.

Gerade oder ungerade?

Darum geht's

Im letzten Jahr haben Joscha und Jenni gelernt, dass sie die Ergebnisse von Additions- und Subtraktionsaufgaben überprüfen können, wenn sie die Regeln über gerade und ungerade Zahlen anwenden. Jetzt fragen sie sich, ob es solche Regeln auch für die Multiplikation und Division großer Zahlen gibt.

Aufgabe

Schreib einige Multiplikations- und Divisionsaufgaben mit ungeraden und geraden Zahlen. Mach eine Strichliste für gerade und ungerade Ergebnisse und beschreib die Zusammenhänge.

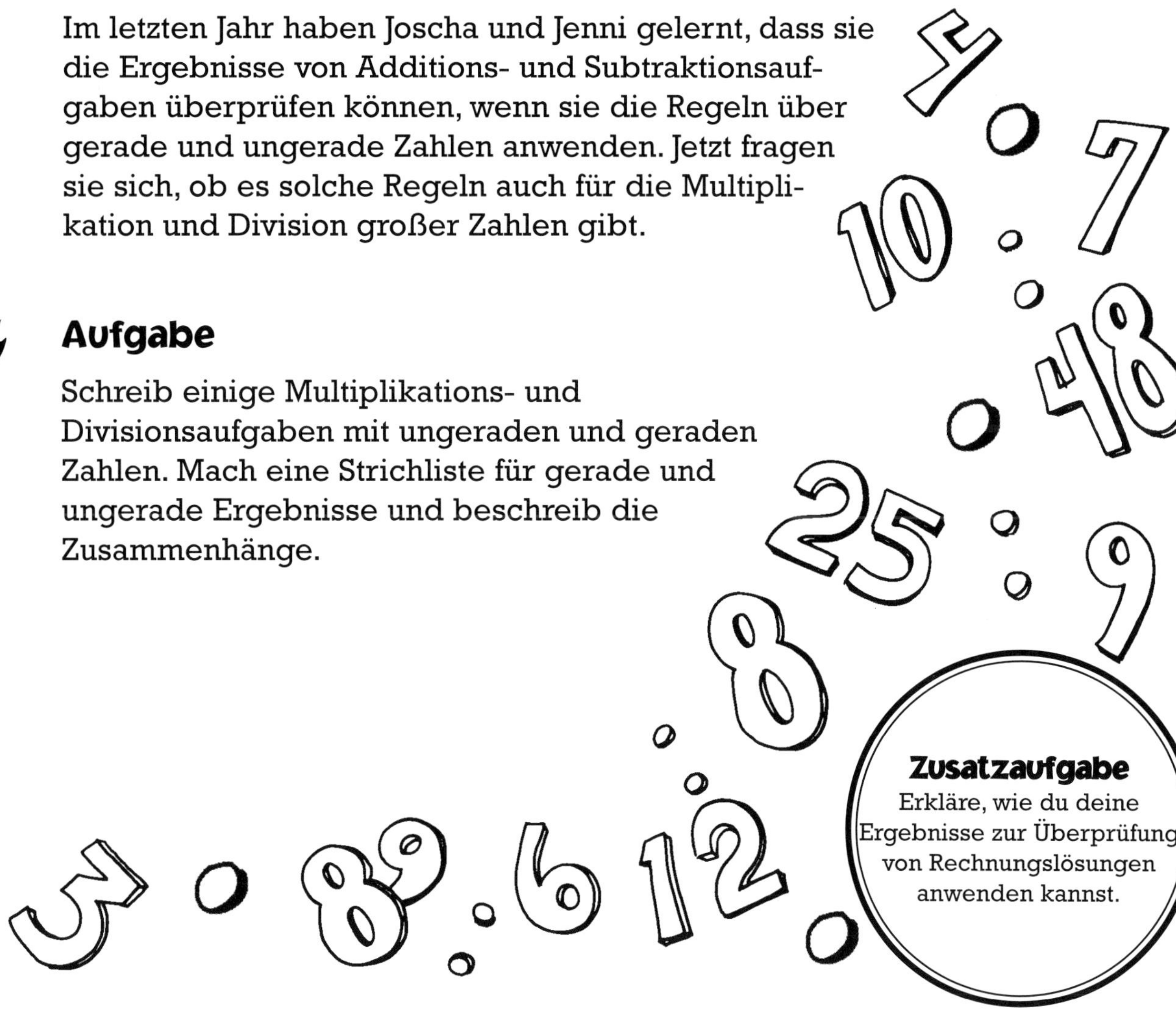

Zusatzaufgabe
Erkläre, wie du deine Ergebnisse zur Überprüfung von Rechnungslösungen anwenden kannst.

Arbeitsschritte

Denk dir 20–30 Multiplikations- und Divisionsaufgaben mit großen Zahlen aus. Es sollen gerade und ungerade Zahlen enthalten sein. Rechne deine Aufgaben aus. Entscheide, welchen Typ von Aufgabe du vor dir hast. Mach in der Tabelle für jedes gerade oder ungerade Ergebnis einen Strich. Schau, ob du Muster und Regeln entdeckst, und beschreibe sie.

Aufgabe	ungerades Ergebnis	gerades Ergebnis
gerade • gerade		
ungerade • ungerade		
gerade • ungerade		
ungerade • gerade		
gerade : gerade		
ungerade : ungerade		
gerade : ungerade		
ungerade : gerade		

Alles Zufall?

Darum geht's

Sabera und Levon addieren dreistellige Zahlen und vergleichen die Summen mit 1.000, indem sie die Zeichen <, > und = einsetzen. Sabera bittet Levon zu raten, welches der drei Zeichen am häufigsten vorkommt. Sie beschließen, Daten zu sammeln, um es herauszufinden.

Aufgabe

Mach eine Voraussage, welches Zeichen am häufigsten vorkommt. Wähle dann zufällige Paare dreistelliger Zahlen aus. Vergleiche jede Summe mit 1.000 und mach einen Stich in der passenden Strichlistenspalte. Schau, wie oft jedes Zeichen vorkommt.

Zusatzaufgabe
Nimm deine Kärtchen mit nach Hause und sammle weitere Daten. Füg deine Daten mit denen anderer Schüler in einer Grafik zusammen. Schau nach Mustern.

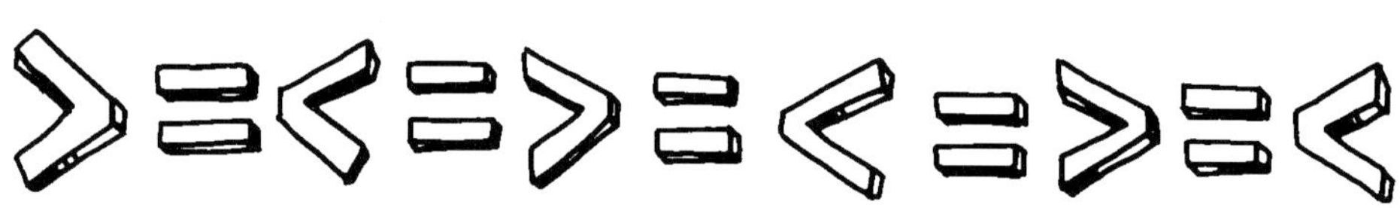

Arbeitsschritte

Mach eine Tabelle, in die du deine zufällig entstandenen dreistelligen Zahlen eintragen kannst. Sag voraus, welches Zeichen am häufigsten vorkommen wird. Schneide rotes, blaues und grünes Papier zu 30 kleinen Kärtchen, 10 von jeder Farbe. Schreib die Ziffern 0–9 auf jedes Kartenset. Die roten Karten stehen für die Hunderter, die blauen für die Zehner und die grünen für die Einer. Nimm abwechselnd zwei Karten jeder Farbe und bilde daraus zwei dreistellige Zahlen. Schreib die Zahlen auf und addiere sie. Leg die Kärtchen zu ihren Haufen zurück, vergleich die Summe mit 1.000 und schreib das passende Zeichen in die dafür vorgesehene Spalte. Zähl die Ergebnisse zusammen und vergleiche sie mit deiner Voraussage.

Saberas Zahlen	Levons Zahlen	Summe	Zeichen
452	391	843	<
639	517	1156	>

>	|||
<	||
=	|

Rechenlotse

Darum geht's

Svenja hat mehrere Wochen in der Schule gefehlt. Während ihrer Abwesenheit hat der Lehrer der Klasse beigebracht, wie man zweistellige Zahlen multipliziert. Svenja fragt ihre Freundin Kristin, ob sie ihr eine Anleitung aufschreibt. Dann kann sie die Arbeitsschritte nachschlagen, während sie die Hausaufgaben nachholt.

Aufgabe

Schreib eine Schritt-für-Schritt-Anleitung für die Multiplikation zweistelliger Zahlen.

Zusatzaufgabe
Schreib eine ausführliche Anleitung für Divisions-Aufgaben.

Arbeitsschritte

Such dir eine Multiplikationsaufgabe mit zweistelligen Zahlen aus. Rechne sie aus. Erkläre deine Rechnung, indem du jeden einzelnen Rechenschritt aufschreibst.

Lies dann noch einmal alle Schritte:

- Sind sie klar?
- Kann man ihnen leicht folgen?
- Sind sie richtig?

Füge alles hinzu, was noch nötig ist. Überlege, wie du deine Anleitung darstellen könntest, z. B.: Du kannst jeden einzelnen Schritt auf Karten schreiben, du kannst ein Poster herstellen oder ein Diagramm.

Im Haushalt helfen

Darum geht's

Davids Mutter und Vater fordern, dass er pro Woche zwei Aufgaben im Haushalt übernimmt. Er muss entweder den Rasen mähen oder Müll wegbringen und sich eine weitere Tätigkeit aus einer Liste mit acht verschiedenen Aufgaben aussuchen. David möchte jede Woche zwei andere Aufgaben miteinander kombinieren. In einer Woche könnte er den Müll wegbringen und den Flur fegen, in einer anderen Woche den Geschirrspüler ausräumen und den Rasen mähen. Er fragt sich, wie viele Wochen lang er verschiedene Kombinationen von Tätigkeiten ausführen kann, bevor sie sich wiederholen.

Aufgabe

Finde heraus, wie viele Aufgaben-Kombinationen es gibt.

Zusatzaufgabe
Wende diese Methode für andere Möglichkeiten von Kombinationen an. Such nach Regeln!

Arbeitsschritte

Schreib die beiden Aufgaben, die David erledigen muss, in die erste Spalte einer Tabelle. In die zweite Spalte trägst du acht weitere Haushaltstätigkeiten ein. Beginn mit der ersten Aufgabe der ersten Spalte und kombiniere sie mit jeder Aufgabe der zweiten Spalte. Schreib eine Liste. Kombiniere dann die zweite Aufgabe der ersten Spalte mit jeder Aufgabe der zweiten Spalte. Füge dies zu deiner Liste hinzu. Zähle alle Kombinationen. Was fällt dir auf?

Bruchteile darstellen

Darum geht's

Julian und Sandra zeichnen gerne Anteile von etwas. Sie wechseln sich ab im Ausdenken von Anteilen, die der andere zeichnen soll. Julian fordert Sandra auf, ein Bild zu zeichnen, auf dem die Hälfte aller Blumen rot ist. Sandra zeichnet zehn Blumen, von denen sie fünf rot anmalt. Dann fordert Sandra Julian auf, ein Bild mit Bällen zu zeichnen, von denen zwei Fünftel Basketbälle sind. Julian zeichnet 30 Bälle. Zwölf Bälle sind Basketbälle. Hier sind ein paar weitere Aufgaben mit Bruchteilen, die sie sich ausgedacht haben:

- *Zeichne eine Gruppe Kinder. Mehr als vier Siebtel sind Mädchen.*
- *Sandra hat eine gepunktete Mappe. Ein Viertel der Punkte sind grün.*
- *Zeichne einen Haufen Spielzeug. Ein Achtel sind Puppen und mehr als drei Achtel sind Autos.*
- *Zeichne eine Menge Stifte. Weniger als drei Zehntel sind Buntstifte und mehr als fünf Zehntel sind Wachsmalstifte.*

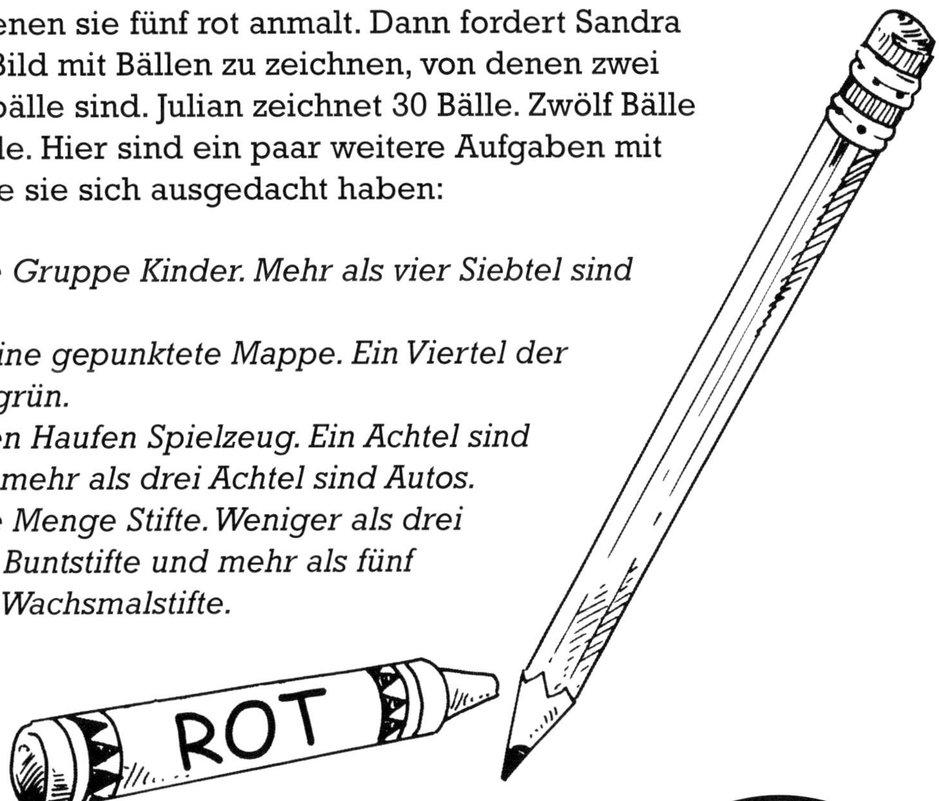

Aufgabe

Zeichne mindestens zwei verschiedene Lösungen für jede Aufgabe.

Zusatzaufgabe
Schreib eigene Bruchaufgaben. Es sollen mehrere Lösungen möglich sein.

Arbeitsschritte

Lies die erste Aufgabe. Schließ die Augen und stell dir ein passendes Bild vor. Benutz irgendwelche Dinge, mit denen du die Aufgabe ausprobierst. Zeichne zwei passende Lösungen.
Mach es genauso mit den anderen Aufgaben.

Fröhliche Ferien

Darum geht's

Du möchtest aus den Ferien gerne für deine Familie und deine Freunde ein kleines Geschenk mitbringen. Du hast 20 Euro, die du ausgeben kannst, und willst für jeden ein passendes Geschenk finden.

Aufgabe

Mach einen Einkaufszettel, der für jeden, den du beschenken möchtest, ein Geschenk enthält.
Die Summe darf 20 Euro nicht überschreiten.

Zusatzaufgabe
Zeig für jeden Kauf eine Möglichkeit, auf welche Weise du mit Münzen und Geldscheinen bezahlen kannst.

Arbeitsschritte

Schreib eine Liste mit den Personen, für die du gerne ein Geschenk kaufen möchtest und fang mit der dir wichtigsten Person an. Mach eine Tabelle mit folgenden Überschriften: *Person, Geschenk, Preis* und *Restgeld.* Benutz Kataloge, um Preise herauszufinden. Schreib Ideen und Preise für jede Person auf. Wenn du eine lange Liste zusammen hast, wähl die Geschenke aus, die dir gefallen und die du dir leisten kannst. Schreib deine Auswahl in die Tabelle und zieh die Preise von 20 Euro so ab, wie du es im Beispiel rechts sehen kannst.

Person	Geschenk	Preis	Restgeld
Mama	Halstuch	€ 4,99	€ 15,01
Papa	Becher	€ 2,49	

Sitzordnungen

Darum geht's

Hanna und Julia feiern gemeinsam ihren Geburtstag und wollen deshalb eine Gartenparty veranstalten. Sie haben 26 Freundinnen und Freunde eingeladen. Sie haben bereits 28 Stühle, aber sie wissen nicht, wie viele kleine Tische sie brauchen. Sie wollen die Tische zu einer langen Reihe zusammenstellen. An jeder Seite des Tisches kann eine Person sitzen und an jedem Ende der Tischreihe ebenfalls je eine Person. Die Tische sind quadratisch.

Aufgabe

Finde heraus, wie viele kleine Tische Hanna und Julia brauchen, um 28 Personen an einer langen Tischreihe unterzubringen.

Zusatzaufgabe
Mach eine Tabelle, in der du darstellst, wie viele Leute an zwei Tische passen, an drei Tische, vier Tische usw. Folge diesem Muster bis zu 25 Tischen. Erkennst du eine Regel?

Arbeitsschritte

Mach eine Tabelle mit folgenden Überschriften: *Anzahl der Tische* und *Anzahl der Stühle.* Zeichne ein Bild von einem kleinen Tisch und vier Stühlen. Trag die Zahlen in die Tabelle ein. Mach eine zweite Zeichnung von zwei zusammengeschobenen Tischen. Zeichne an jede Tischseite einen Stuhl. An zwei Tische passen sechs Stühle. Trag die Zahl in die Tabelle ein. Fahr auf diese Weise fort, Tische und Stühle zu zeichnen und deren Anzahl in die Tabelle einzutragen. Schau nach Regeln! Mach Zeichnungen, bis du die Anzahl von 28 Stühlen erreicht hast.

Bücherbestellung für die Klasse

Darum geht's

Benjamins Klasse hat 55 Euro zur Verfügung, um für die Klasse neue Bücher zu bestellen. Benjamin soll sich darum kümmern und einen Vorschlag machen. Er kann sich nicht entscheiden, welche Bücher er auswählen soll. Die Lehrerin hat ihm gesagt, er soll zunächst die Preise der Bücher schätzen, indem er jeden Preis zum nächsten Euro auf- bzw. abrundet. Wenn er eine Bestellung von ungefähr 55 Euro zusammengetragen hat, kann er die tatsächlichen Preise addieren, um die genaue Summe zu erhalten.

Aufgabe

Wähle sechs bis zehn Bücher aus – zum Beispiel aus einem Katalog. Schätz die Gesamtsumme. Addiere dann die tatsächlichen Preise. Die Summe soll 55 Euro nicht überschreiten.

Zusatzaufgabe
Erkläre, wieso dir das Schätzen der Preise bei der Auswahl der Bücher geholfen hat.

Arbeitsschritte

Mach eine Tabelle mit folgenden Spalten: *Titel, Einzelpreis* und *gerundeter Preis.* Wähl ein Buch aus. Schreib den Titel und den Preis auf. Runde den Preis zum nächsten Euro. Wiederhol es mit 6–10 Büchern.

Wähle aus der Spalte mit den gerundeten Preisen einige Titel aus, bis du ungefähr 55 Euro erreicht hast. Addiere die entsprechenden genauen Beträge aus der Spalte mit den Einzelpreisen. Du kannst zur Kontrolle einen Taschenrechner benutzen. Wenn die Summe nicht mehr als 55 Euro beträgt, schreib deine Auswahl und deren Gesamtpreis auf ein Blatt Papier. Wiederhole es für eine weitere Auswahl von Büchern, deren Summe ebenfalls nicht über 55 Euro liegt.

Zeit kommt und geht

Darum geht's

Natalie und Sven spielen ein Brettspiel, bei dem man Uhrzeiten erkennen und ausrechnen muss. Einige Spielkärtchen sind verloren gegangen, deshalb beschließen Natalie und Sven, neue zu schreiben. Auf jeder Karte ist eine Zeit angegeben und es wird nach einer neuen Zeit gefragt. Zum Beispiel: „Es ist 3.12 Uhr. Wie spät war es vor 2 Stunden und 14 Minuten?"

Aufgabe

Schreib für das Spiel von Natalie und Sven mindestens 15 Zeit-Kärtchen mit Fragen und Antworten.

Zusatzaufgabe
Entwirf ein Brettspiel über Uhrzeiten. Benutz die Kärtchen, die du und andere hergestellt haben.

Arbeitsschritte

- Sammle Material wie Uhren, Uhrenstempel, Kärtchen und Filzstifte. Wähl eine Zeit aus und schreib sie auf die Vorderseite eines Kärtchens oder zeichne Zeiger in eine Uhr. Schreib eine Frage zu dieser Uhrzeit. Schreib die Antwort auf die Rückseite des Kärtchens.

Besuch von einer Freundin

Darum geht's

Michaela hat Lisbeth eingeladen, am Freitag nach der Schule mit zu ihr nach Hause zu kommen. Michaela möchte, dass sie in der Zeit zwischen 14.00 und 19.00 Uhr genügend verschiedene Dinge tun können. Sie beschließt, eine Liste zu machen, in die sie verschiedene Aktivitäten einträgt und dazu schreibt, wie lange jede Aktivität ungefähr dauert. So haben Michaela und Lisbeth eine Zeitübersicht, mit der sie ihre Aktivitäten für den gemeinsamen Nachmittag gut planen können.

Aufgabe

Mach eine Tabelle, in die du verschiedene Aktivitäten und deren Zeitdauer einträgst. Benutz diese, um einen Vorschlag für einen Zeitplan zu machen.

Zusatzaufgabe
Lade eine Freundin oder einen Freund ein, überleg dir vorher, was ihr alles zusammen tun könntet, und mach daraus einen Zeitplan.

Arbeitsschritte

Mach eine Liste von Aktivitäten, die du bei dir zu Hause (drinnen oder draußen) in deiner Freizeit tun kannst. Miss die Zeitdauer jeder Aktivität. Mach eine Tabelle mit möglichen Aktivitäten und deren Dauer. Schreib einen Zeitplan für die Zeit zwischen 14.00 und 19.00 Uhr.

Der goldene Schatz

Darum geht's

Anna hat von ihrem Freund Lukas ein Spiel gelernt, das „Goldener Schatz“ heißt. Jedes Mal, wenn sie es mit Lukas spielt, gewinnt er. Anna weiß, dass er eine Strategie hat, und die möchte sie gerne herausfinden.
Sie spielen das Spiel mit einem Haufen von 11 Kronkorken und einer Cent-Münze. Das Cent-Stück ist der goldene Schatz und darf erst genommen werden, wenn alle Kronkorken fort sind. Jeder Spieler, der an der Reihe ist, darf einen oder zwei Kronkorken vom Haufen nehmen. Gewinner ist, wer die Münze nehmen kann.

Aufgabe

Spiel einige Male „Goldener Schatz“, um die Strategie herauszufinden, mit der man immer gewinnt.

Zusatzaufgabe
Spiel das Spiel mit 21 Kronkorken und einem Cent-Stück. Jeder Spieler darf ein, zwei oder drei Kronkorken wegnehmen, wenn er an der Reihe ist. Funktioniert dieselbe Strategie, um zu gewinnen?

Arbeitsschritte

Nimm dir 11 Kronkorken (oder etwas anderes) und eine Münze. Spiel das Spiel einige Male. Mach eine Tabelle, in die du jedes Mal einträgst, wer wie viele Kronkorken genommen habt. Mach für jedes Spiel eine neue Tabelle. Schau bei den gewonnenen Spielen nach Regeln. Versuch, das nächste Spiel zu gewinnen. Wenn du die richtige Strategie zum Gewinnen herausgefunden hast, erkläre sie schriftlich.

Naturwissenschaften oder Mathematik?

Darum geht's

Gerrit und Heiko wollen wissen, ob die Schülerinnen und Schüler ihres Jahrgangs lieber Mathematik oder Naturwissenschaften mögen. Sie möchten nicht jeden einzeln fragen. Sie wissen, dass es vor Wahlen Meinungsumfragen gibt. Dann wird auch nur ein Bruchteil der Wähler befragt, und man kann aus dem Ergebnis trotzdem ganz gut ablesen, wie alle wählen würden. Gerrit und Heiko denken, dass sie die Vorliebe für Mathematik oder Naturwissenschaften herausfinden können, wenn sie jeden dritten Schüler ihres Jahrgangs befragen.

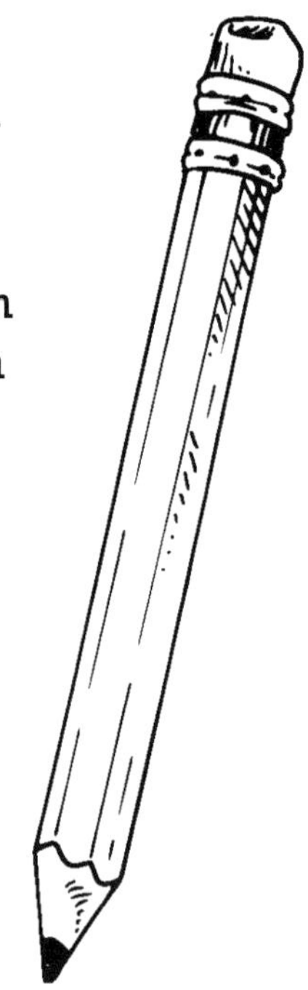

Aufgabe

Mach eine Meinungsumfrage in deinem Jahrgang, um herauszufinden, ob deine Mitschülerinnen und Mitschüler lieber Mathematik oder Naturwissenschaften mögen. Frage jeden dritten. Stell deine Ergebnisse vor.

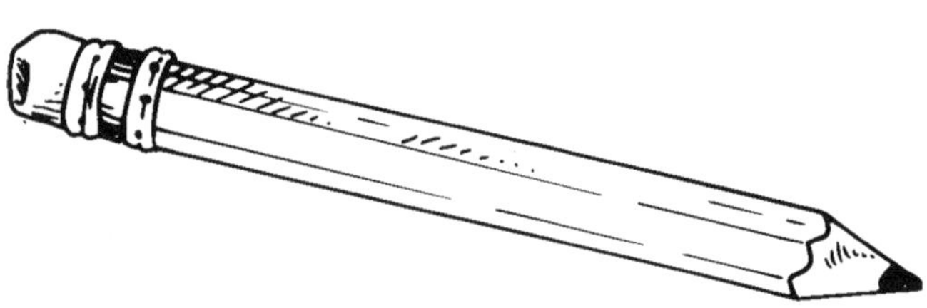

Zusatzaufgabe
Schreib deine Ergebnisse auf, indem du deine Daten in Verhältnis zueinander setzt, z.B.: *Drei von vier Jugendlichen mögen lieber Naturwissenschaften als Mathematik.*

Arbeitsschritte

Finde heraus, wie viele Schülerinnen und Schüler in deinem Jahrgang sind. Teile die Anzahl durch drei, um festzulegen, wie viele du befragen musst. Befrag dann Jugendliche auf dem Schulhof. Mach eine Strichliste für ihre Antworten. Beende die Umfrage, wenn du deine erforderliche Anzahl erreicht hast. Mach eine Häufigkeitstabelle und multipliziere jede Zahl mit drei oder berechne die prozentualen Anteile. Die neuen Zahlen geben dir einen Eindruck davon, wie der ganze Jahrgang über deine Frage denkt. Stell deine Ergebnisse vor.

Materialbestellung

Darum geht's

Die Schüler aus Frau Müllers Klasse brauchen neue Stifte, Hefte und weiteres Schulmaterial. Frau Müller will eine günstige Sammelbestellung machen und bittet die 26 Kinder der Klasse um Hilfe. Folgende Dinge müssen bestellt werden:

Bleistifte	Buntstifte	Wachsmaler
Radiergummis	Pinsel	Schreibhefte
Mappen	Anspitzer	kleine Schreibhefte

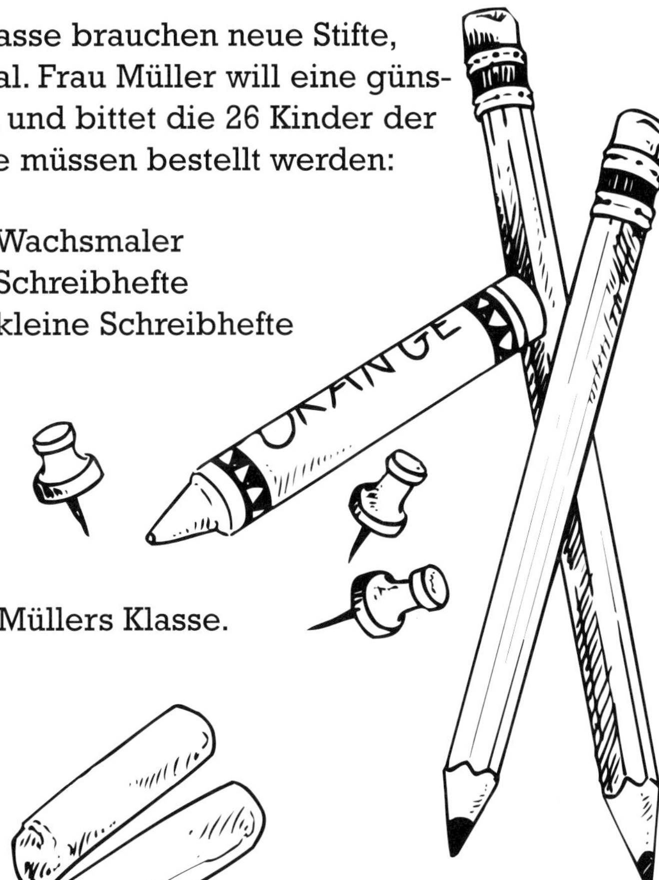

Aufgabe

Bestell genug Material für Frau Müllers Klasse.

Zusatzaufgabe
Benutz dieselben Strategien, um Filzstifte, Rechenhefte, Zeichenpapier und Klebestifte zu bestellen.

Arbeitsschritte

Schätz, wie viel jeder Schüler von allem braucht. Mach eine Tabelle für jeden Gegenstand. Darin muss eine Spalte enthalten sein mit der Anzahl der Kinder und mit dem Gegenstand, der bestellt werden soll. Schreib das erste Kind und die Anzahl des Gegenstandes in die erste Reihe. In die zweite Reihe schreibst du das zweite Kind und die Summe der Anzahl des Gegenstandes des ersten und des zweiten Kindes. Füge dein Ergebnis dann zur Einkaufsliste hinzu.

Kinder	Bleistifte
1	9
2	18
3	27

Sagenhafte Sprünge

Darum geht's

Josa und Clara streiten sich darüber, ob Mädchen oder Jungen besser im Weitsprung sind. Sie brauchen Hilfe bei der Schlichtung ihres Streits. Sie sind einverstanden, Daten darüber zu sammeln, wie weit Mädchen und wie weit Jungen springen. Sie wollen zur Sprunggrube auf dem Sportplatz gehen und die Sprünge messen. Sie brauchen Hilfe, um die durchschnittliche Sprungweite für Mädchen und Jungen auszurechnen.

Aufgabe

Schreib die Weitsprünge von 10 Mädchen und 10 Jungen auf. Finde den weitesten Sprung, aber auch die durchschnittliche Länge für Mädchen und Jungen heraus. Mach ein Poster, auf dem du deine Ergebnisse darstellst.

Zusatzaufgabe
Überleg eine Methode, wie du Hochsprünge von Jungen und Mädchen messen kannst.

Arbeitsschritte

- Mach eine Tabelle mit den folgenden Spalten: *Name, Junge oder Mädchen* und *Länge des Sprungs.* Wähl 10 Jungen und 10 Mädchen aus, die bereit sind, am Weitsprung teilzunehmen. Beobachte, miss und schreib jedes Ergebnis auf.
- Addiere die Längen der Sprünge aller Mädchen. Du erhältst die durchschnittliche Sprunglänge, wenn du die Summe durch 10 teilst. Mach dasselbe mit den Sprüngen der Jungen. Mach ein Poster, auf dem du deine Daten und Ergebnisse darstellst.

Tierischer Spaß

Darum geht's

Christopher hat über zwei verschiedene Tiere geforscht. Er möchte diese Tiere gerne Seite an Seite zeichnen, um ihre relative Größe zu zeigen. In einem Nachschlagewerk hat er ihre tatsächliche Höhe gefunden. Weil er sie nicht in voller Größe zeichnen kann, muss er eine Maßeinheit entwickeln, mit deren Hilfe er sie im Verhältnis zueinander darstellen kann. Zum Beispiel können 10 cm der tatsächlichen Höhe 1 cm auf dem Papier entsprechen. Das bedeutet, dass ein Tier mit einer Standhöhe von 2 m auf dem Papier 20 cm groß ist.

Aufgabe

Entwickle eine Maßeinheit, mit der es dir möglich ist, zwei Tiere maßstabsgerecht zu zeichnen.

Zusatzaufgabe

Benutz die maßstabsgerechte Zeichnung, um dich selbst mit in das Bild hineinzuzeichnen. Schreib eine Erklärung, wie du deinen Maßstab entwickelt und benutzt hast.

Arbeitsschritte

Such dir zwei Tiere aus und finde ihre wirkliche Höhe heraus. Entwickle einen Maßstab: Zum Beispiel können 10 cm in der Wirklichkeit 1 cm auf dem Papier entsprechen. Mach eine Tabelle, in die du den Namen des Tieres, die tatsächliche Höhe und die maßstabsgerechte Höhe schreibst. Beschaff dir Papier, das groß genug ist, um die Tiere in deinem Maßstab zu zeichnen. Zeichne deine Tiere, schreib den Maßstab dazu und beschrifte die Tiere.

Des Apfels Kern

Darum geht's

Jeder Schüler aus Jennis Klasse hat einen Apfel zum Aufschneiden mitgebracht. Jenni fragt sich, ob wohl ein Zusammenhang besteht zwischen dem Umfang und dem Gewicht des Apfels und der Anzahl seiner Kerne im Inneren. Sie beschließt, eine Tabelle zu machen, in die alle Schüler ihre Ergebnisse eintragen können, sodass sie nach Zusammenhängen schauen kann.

Aufgabe

Entwirf eine Tabelle für Jennis Klasse und trage dann die Daten von fünf Äpfeln ein.

Zusatzaufgabe
Ordne die Äpfel in der Reihenfolge vom schwersten zum leichtesten. Ordne sie dann nach der Anzahl ihrer Kerne. Finde weitere Möglichkeiten zum Ordnen.

Arbeitsschritte

Mach eine Tabelle mit folgenden Überschriften: *Apfel, Umfang, Gewicht* und *Anzahl der Kerne.* Kleb verschiedene Aufkleber auf die Äpfel. Miss den Umfang eines Apfels, indem du ein Band dort um den Apfel legst, wo er seine größte Ausdehnung hat. Schneid das Band ab, miss die Länge und schreib das Ergebnis auf. Wieg den Apfel und schreib auch dieses Ergebnis auf. Schneide den Apfel auf, zähl die Kerne und trag die Anzahl in die Tabelle ein. Werte deine Daten aus und schreibe drei Sätze über deine Ergebnisse.

Wiegen

Darum geht's

Daniel und Rita machen ein „Wiegezentrum“ auf. Sie suchen sich verschiedene Gegenstände zusammen, die gewogen werden können. Sie stellen Karten her, sodass jeder allein damit arbeiten kann. Sie hoffen, dass ihre Mitschüler sie benutzen, um genaues Messen zu üben.

Aufgabe

Zeichne mindestens 10 Karten für das „Wiegezentrum“. Schätz zuerst das Gewicht jedes Gegenstandes und miss es dann genau. Vergleich die Messung mit deiner Schätzung.

Zusatzaufgabe
Nimm die Karten aller Klassenkameraden. Sortiere sie nach dem Gewicht der gemessenen Gegenstände und mach daraus eine Klassengrafik. Benutz die Karten in einem „Wiegezentrum“.

Arbeitsschritte

Mach mindestens 10 Gegenstände ausfindig, die du wiegen kannst.
Schätz zunächst jedes Gewicht und miss dann genau.
Schreib den Namen des Gegenstandes auf eine Karte und mach eine Zeichnung dazu. Auf die andere Seite schreibst du das gemessene Gewicht, sodass jeder sein eigenes Ergebnis überprüfen kann.

Füll sie voll!

Darum geht's

Sascha und Hassan arbeiten mit Volumen. Hassan fordert Sascha auf, 12 Behälter in einer Reihe aufzustellen, und zwar vom kleinsten zum größten Volumen geordnet. Sascha darf Wasser oder Reis zwischen den Behältern hin- und herschütten, aber er darf keine Messbecher oder Ähnliches benutzen.

Aufgabe

Sortiere 12 Behälter nach ihrem Volumen, ohne dass du ihr tatsächliches Volumen weißt.

Zusatzaufgabe
Miss das Volumen der Behälter, indem du einen Messbecher mit Milliliter-Angabe benutzt oder einen anderen kleinen Behälter, z.B. eine Tasse.

Arbeitsschritte

- Such dir 12 Behälter und beschrifte sie mit Namen oder Buchstaben. Such dir einen Tisch, auf dem die Behälter Platz haben. Versuch, die Reihenfolge vom kleinsten zum größten Volumen zu raten und schreib diese als Liste auf.
- Füll den Behälter auf, von dem du meinst, dass er das kleinste Volumen hat.
- Schütte den Inhalt dann in den nächsten Behälter. Wenn dieser nicht voll ist, hat der erste weniger Volumen. Fahr mit dem Auffüllen, Vergleichen und Sortieren fort, bis alle 12 Behälter in der richtigen Reihenfolge angeordnet sind.
- Überprüf die Folge noch einmal, indem du wieder mit den ersten beiden Behältern beginnst. Verändere die Reihenfolge, wenn es nötig ist.
- Schreib die tatsächliche Reihenfolge in die Liste neben deine Vorhersage.

Eissorten

Darum geht's

Weil Nele so gerne Eis isst, darf sie sich an ihrem Geburtstag am Eisstand ein Eis mit zwei großen Kugeln aussuchen. Nele nimmt Stracciatella. Während sie ihr Eis schleckt, überlegt sie sich, wie viele Kombinationen unterschiedlicher Sorten wohl möglich sind. Der Eisstand hat 19 verschiedene Sorten.

Aufgabe

Finde heraus, wie viele verschiedene Kombinationen es bei einem Eis mit zwei Kugeln gibt, ohne dass bei einem Eis zweimal die gleiche Sorte genommen wird.

Zusatzaufgabe
Wie viele Kombinationen gibt es bei drei Eiskugeln, wenn es 19 Sorten gibt?

Arbeitsschritte

Schreib vier verschiedene Eissorten auf. Zeichne alle Kombinationen, die für ein Eis mit zwei Kugeln möglich sind. Trag die Zahl in eine Tabelle ein. Schreib fünf verschiedene Sorten auf und zeichne alle Kombinationen. Versuch es dann mit sechs, sieben, acht und neun Sorten. Schreib die Anzahl in die Tabelle. Schau nach einem Zusammenhang zwischen den Zahlen. Übertrag das Muster auf die Anzahl von 19 Eissorten.

Anzahl der Eissorten	Kombinationen
2	1
3	2
4	6

Folge meinen Anweisungen

Darum geht's

Sven will Pascal erklären, welche Form er auf seinem Geo-Brett gemacht hat. Pascal versucht, diese Form ohne Hinschauen hinzukriegen, indem er Svens Anweisungen folgt.
Pascal hat Lust, schriftliche Anweisungen zu schreiben für verschiedene Formen. Er benutzt dazu die Vorderseite von Karten. Auf die Rückseite zeichnet er die geometrische Form, sodass jeder Schüler alleine damit arbeiten und sich selbst kontrollieren kann.

Aufgabe

Zeichne eine Geo-Brett-Figur auf kariertes Papier. Schneid das Ganze aus und kleb es auf eine Karte oder ein Stück Karton. Schreib klare Anweisungen auf die andere Seite der Karte, sodass ein anderes Kind die Figur nachzeichnen kann, ohne auf deine Zeichnung zu schauen.

Zusatzaufgabe
Mach eine symmetrische Figur auf dem Geo-Brett. Schreib Anweisungen, mit denen man die Hälfte der Figur erschaffen kann. Beschreib die Lage der Symmetrieachse.

Arbeitsschritte

Leg eine Form auf einem Geo-Brett. Beschrifte die Stecker mit Buchstaben von links nach rechts und mit Zahlen von unten nach oben. Benutz diese Koordinaten für die Beschreibung deiner Form. Lies deine Anweisungen und bilde daraus noch einmal deine Form. Verbessere, wenn es nötig ist. Schreib die Anweisungen auf die Vorderseite einer Karte und zeichne die Form auf die Rückseite.

Dame-Spiel

Darum geht's

Die acht Mitglieder eines Dame-Klubs beschließen, ein Turnier durchzuführen, in dem jedes Mitglied einmal gegen jedes andere Mitglied spielen soll. Alexander überlegt, wie viele Spiele Dame er spielen wird, und fragt sich außerdem, wie viele Spiele insgesamt gespielt werden.

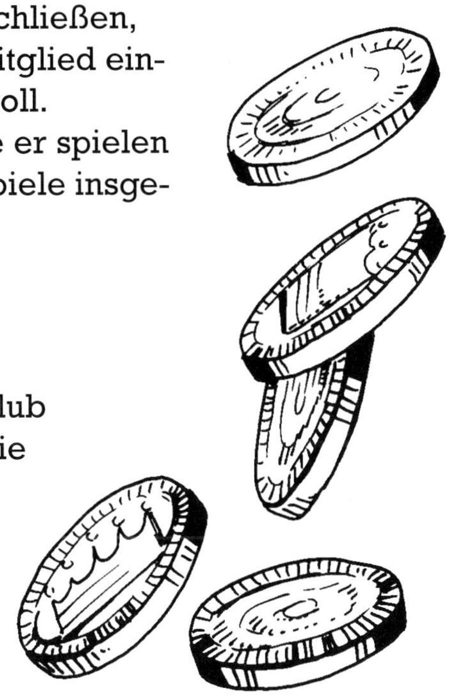

Aufgabe

Finde heraus, wie viele Spiele der Dame-Klub bei seinem Turnier spielen wird. Schreib die Ergebnisse in eine Tabelle.

Zusatzaufgabe
Wie viele Spiele würden gespielt, wenn der Club aus 10 Mitgliedern bestünde?

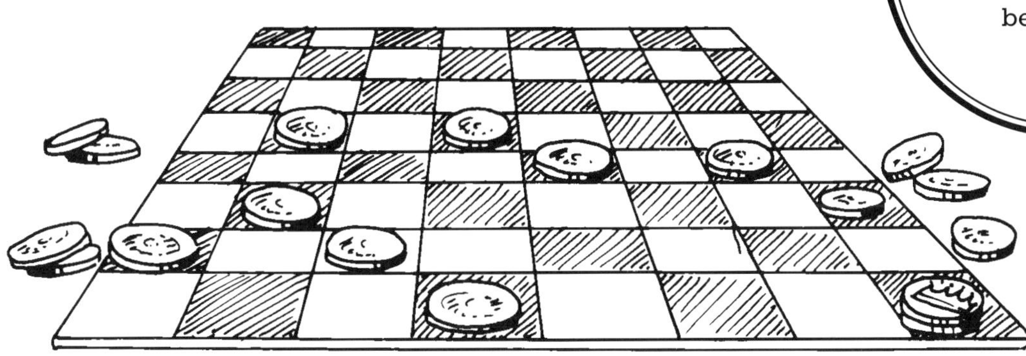

Arbeitsschritte

Schreib eine Liste mit acht Namen. Schreib den ersten Namen zusammen mit allen anderen Namen auf. Schreib den zweiten Namen zusammen mit allen anderen Namen auf – außer dem ersten Namen. Schreib den dritten Namen zusammen mit allen anderen Namen auf – außer den ersten beiden Namen. Fahre auf diese Weise fort und berechne die Gesamtzahl an Spielen.

Fenster-Wettbewerb

Darum geht's

Für ihre Kollektion im neuen Jahr ist die Gesellschaft „Sonne-ins-Haus“ auf der Suche nach Entwürfen für Fenster aus buntem Glas. Alle Linien in den Fenstern müssen gerade sein. Die Gesellschaft verlangt ein Bild oder ein Modell, in dem die rechten Winkel rot markiert sind, die spitzen Winkel gelb und die stumpfen Winkel grün. Emma plant, bei der Gesellschaft einen Entwurf einzureichen, und wünscht sich Hilfe bei diesem Projekt.

Aufgabe

Zeichne ein Fenster, das nur aus geraden Linien besteht. Markiere die rechten Winkel rot, die spitzen Winkel gelb und die stumpfen Winkel grün.

Zusatzaufgabe
Miss die Größe aller Winkel mit einem Winkelmesser. Schreib deine Ergebnisse auf.

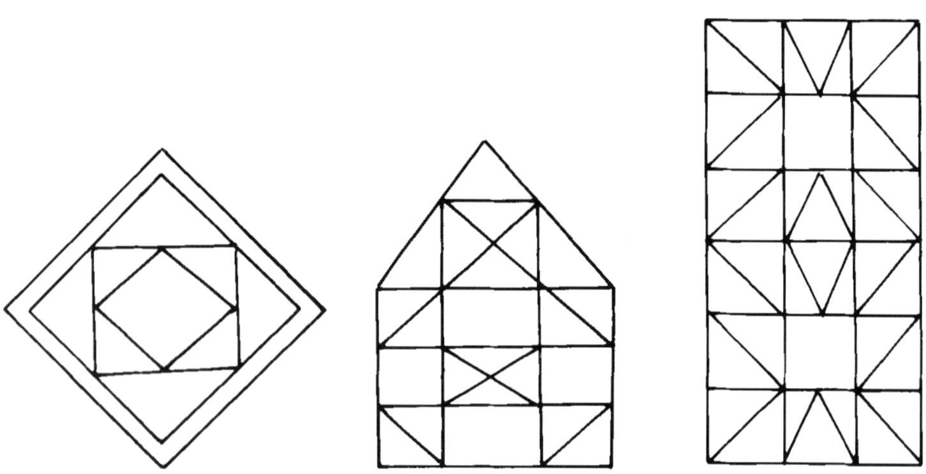

Arbeitsschritte

Entwirf ein Fenster, indem du es entweder auf kariertes Papier zeichnest oder es mit Gummibändern auf einem Geo-Brett gestaltest. Benutze ein Lineal für deine endgültige Zeichnung. Markiere die rechten Winkel rot, die spitzen Winkel gelb und die stumpfen Winkel grün. Zähle die Anzahl der Winkel jeder Winkelart, indem du eine Strichliste machst.

Dreiecks-Design

Darum geht's

An einem Regentag sitzt Mareike gelangweilt an ihrem Schreibtisch und schneidet zwei Papierquadrate diagonal durch. Sie stellt fest, dass sie nun vier Dreiecke hat und fängt an, sie auf dem Tisch hin und her zu schieben. Das gibt interessante Muster! Es gefällt ihr so sehr, dass sie ihre Schwester Larissa auffordert, genau so viele Muster zu finden, wie sie selbst gefunden hat. Mareikes Regel ist, dass jedes Dreieck mindestens ein anderes Dreieck mit einer Seite berühren muss. Die Seiten, die sich berühren, müssen dieselbe Länge haben.

Aufgabe

Finde heraus, wie viele verschiedene Möglichkeiten es gibt, die vier Dreiecke anzuordnen.

Zusatzaufgabe
Benutz für die Dreiecke zwei verschiedene Farben. Beschreib, wie dies die Anzahl möglicher Anordnungen verändert.

Arbeitsschritte

- Nimm ein Lineal und zeichne dir ein genaues Quadrat mit 10 cm Seitenlänge. Du kannst es aus Karton oder Karteikarten herstellen. Schneide die Quadrate dann diagonal durch. Schieb die Dreiecke hin und her, um verschiedene Muster zu finden.
- Mach eine Tabelle, in die du die verschiedenen Muster einzeichnen kannst. Nimm als Überschriften: *vierseitige Formen, Dreiecke, andere Formen und Muster.* Probiere verschiedene Anordnungen der Dreiecke. Jedes Mal, wenn du eine neue geometrische Form oder eine neue andere Form gefunden hast, zeichnest du es in die passende Spalte der Tabelle.

Spaß mit Mathe-Spielen

Darum geht's

Janne spielt gerne Spiele. Sie möchte ein Mathespiel herstellen, um die Rechenarten zu üben, die zur Zeit wiederholt werden. Wähl eine Rechenart aus und hilf Janne, ein Spiel herzustellen. Füge Spielregeln hinzu.

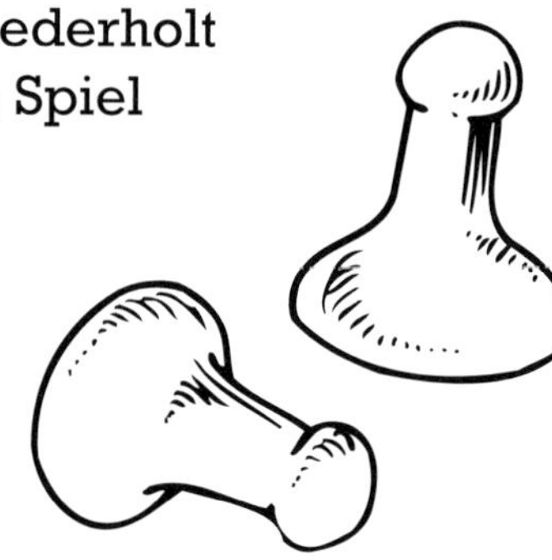

Aufgabe

Mach für die Klasse ein Mathe-Spiel, zu dem du dir auch die Spielregeln überlegst und aufschreibst.

Zusatzaufgabe
Schreib einen Werbetext für dein Spiel, damit auch andere Schüler Lust kriegen, es zu spielen.

Arbeitsschritte

Wähl eine Rechenart aus und mach daraus Spielkarten, mit denen diese Rechenart geübt werden kann. Zeichne ein lustiges, buntes Spielbrett. Schreib eine klare Spielanweisung, in der du jeden Schritt genau erklärst. Spiel dein Spiel und mach Veränderungen, wenn es nötig ist.

Viele Landkarten

Darum geht's

Florian hat eine Karte von einem Wald entworfen. Er hat dafür kariertes Papier benutzt und ein Koordinaten-Netz eingezeichnet. Die senkrechten Felder beschriftet er mit den Zahlen von 1–7, die waagerechten mit den Buchstaben von A–G. Marcel beschreibt Katharina seine Karte, sodass sie dieselbe Karte zeichnen kann ohne auf Marcels Karte zu schauen. Hier sind einige von Marcels Anweisungen:

- *Ein Fluss fließt von (F | 1) nach (A | 4) und läuft dabei durch (B | 3).*
- *Eine Brücke überquert den Fluss bei (B | 3).*
- *Bei (E | 6) stehen drei Eichen.*

Aufgabe

Zeichne eine Karte von einem tatsächlichen oder erfundenen Ort. Schreib Anweisungen, nach denen ein anderer deine Karte reproduzieren kann.

Zusatzaufgabe
Ergänze deine Karte durch einen Maßstab und eine Windrose. Beschrifte die Karte und gib ihr einen Titel.

Arbeitsschritte

Benutze kariertes Papier, um deine Landkarte zu zeichnen. Beschrifte die senkrechten Felder mit Zahlen und die waagerechten mit Buchstaben. Schau nach unten, um den richtigen Buchstaben zu finden, und zur Seite, um die richtige Zahl zu finden. Schreib erst den Buchstaben, mach einen Längsstrich und schreib dann die Zahl. Das Ganze steht in Klammern. Zum Beispiel: „Zeichne einen Baum bei (B | 8).“ Schreib eine Angabe für jede Sache auf deiner Karte. Mach Veränderungen, wenn es nötig ist.

Die Jagd geht los

Darum geht's

Sophie nimmt eine alte Landkarte, um ein Suchspiel zu veranstalten. Die Karte hat keine Einteilung in Felder. Deshalb zeichnet sie mit einem Lineal in gleichmäßigen Abständen senkrechte und waagerechte Linien. Sie nummeriert die senkrechte Seite von unten nach oben. Die waagerechte Seite versieht sie von links nach rechts mit Buchstaben. Dann schreibt Sophie Aufgaben auf Karten, mit denen man verschiedene Plätze finden kann, zum Beispiel:

- *Welcher Fluss liegt bei (B | 3)?*
- *Wie heißt die Stadt bei (F | 5)?*

Zusatzaufgabe

Entwickle für das Spiel ein Punktesystem. Die Lösung einiger Aufgaben kann zum Beispiel drei Punkte ergeben, die Lösung anderer einen oder zwei Punkte. Zieh für falsche Lösungen Punkte ab.

Aufgabe

Schreib mindestens 15 Aufgaben-Karten für verschiedene Plätze auf der Landkarte.

Arbeitsschritte

Such eine Landkarte (oder eine entsprechende andere Karte). Wenn sie keine Einteilung enthält, zeichne in gleichen Abständen ein Raster aus waagerechten und senkrechten Linien. Benutz dafür ein Lineal. Beschrifte die Felder mit Zahlen und Buchstaben. Such dir irgendeine Sache auf der Karte aus. Schreib eine Frage auf, in der du das gesuchte Feld mit dem Buchstaben und der Zahl nennst. Schreib die Frage auf eine Seite einer Karteikarte und die Antwort auf die andere. Mach mindestens 15 solcher Karten. Benutz deine Karten, um die Plätze zu finden. Mach Verbesserungen oder Ergänzungen, wenn es nötig ist.

Rate die Zahl!

Darum geht's

Lukas hat für Jan ein Zahlenrätsel geschrieben:

Ich bin eine gerade Zahl mit vier Ziffern;
drei Ziffern sind gleich.
Die Hunderter-Ziffer ist um zwei kleiner
als die Einer-Ziffer.
Die Quersumme der Ziffern beträgt 22.
Wie heiße ich?

Jan weiß, dass die vierte Ziffer eine 2, eine 4, eine 6 oder eine 8 ist. Weil drei Ziffern gleich sind, hat er herauszufinden, welche drei Ziffern in ihrer Summe nah an 22 herankommen. Nachdem er verschiedene Kombinationen ausprobiert hat, kommt er zu dem Ergebnis, dass die gesuchte Zahl 6.466 sein muss.

Aufgabe

Schreib fünf Zahlenrätsel.

Zusatzaufgabe
Sammle deine Rätsel und die anderer. Entwirf ein Rätsel-Brett.

Arbeitsschritte

Wähl eine Zahl zwischen 100 und 5.000. Erforsch deine Zahl auf folgende Weise: Wie viele Ziffern hat sie? Ist sie gerade oder ungerade? Gibt es Beziehungen zwischen den Ziffern? Wie ist die Quersumme der Ziffern? … Benutz deine Entdeckungen, um Hinweise zu schreiben. Schreib nur so viele Hinweise, wie nötig sind, um die Aufgabe zu lösen. Falte ein Stück Papier in der Mitte zu einer Standkarte. Schreib das Rätsel auf die Außenseite der Karte und die Lösung auf die Innenseite. Schreib so fünf Rätsel. Überprüfe deine Rätsel auf Genauigkeit und verbessere sie, wenn es nötig ist.

Finde die beste Gleichung

Darum geht's

Jana und Bastian erfinden selbst Textaufgaben. Jana hat eine geschrieben und fordert Bastian auf, die richtige Gleichung für die Lösung herauszufinden.

Amelie hat einen Pullover für ____ Euro gesehen. Er war heruntergesetzt auf ____%. Wie viel kann sie vom ursprünglichen Preis abziehen? Welche Aufgabe zeigt die richtige Antwort?

($20 \cdot 15 = 300$ oder $50 - 12 = 38$ oder $30 \cdot 0{,}20 = 6$)

Dann hat Bastian eine Aufgabe für Jana:

Franziska hat in der Bücherei ____ Bücher ausgesucht, von denen sie einige für eine Arbeit braucht. Ein Drittel der Bücher legt sie zurück, den Rest leiht sie aus. Wie viele Bücher nimmt sie mit? Welche Aufgabe zeigt die richtige Antwort?

($14 \cdot 3 = 42$ oder $15 : 3 \cdot 2 = 10$ oder $21 : 3 = 7$)

Aufgabe

Finde die Lösungen für die Aufgaben oben. Schreib dann in demselben Stil mindestens fünf selbst.

Zusatzaufgabe
Schreib Textaufgaben, in denen Dezimalzahlen, „Durchschnitt von“ oder andere, schwierigere mathematische Verfahren vorkommen.

Arbeitsschritte

- Überleg dir eine Reihe von Schlüsselwörtern wie: *weniger, die Hälfte von, so viel wie.* Schreib fünf Textaufgaben, in denen diese Schlüsselwörter vorkommen. Schreib dann die Rechenaufgaben dafür. Schreib für jede mindestens zwei Gleichungen, eine, die zur Geschichte passt, und eine, die nicht passt.
- Rechne deine Aufgaben nach. Falte ein Stück Papier zu einer Standkarte. Schreib auf die Außenseite die Textaufgabe und die Rechnungen. Auf die Innenseite schreibst du die Antwort.

Klammer vor Punkt vor Strich

Darum geht's

Dorothea und Tom haben gelernt, in welcher Reihenfolge sie bei langen Rechenaufgaben rechnen müssen. Sie wissen, dass sie zuerst die Klammern ausrechnen müssen. Danach folgen Multiplikation und Division – von links nach rechts. Zuletzt kommen Addition und Subtraktion – ebenfalls von links nach rechts. Dorothea hat die folgende Gleichung aufgeschrieben und ausgerechnet:

$21 : 7 + 6 - 1 + 2 \cdot 3 = 14$

Sie weiß, dass sie durch Klammern die Reihenfolge der Rechnungen ändern kann, sodass sie mindestens 10 verschiedene Lösungen für diese Zahlen und Operationen erhält. Tom und Dorothea sind gespannt, wer von ihnen die meisten findet.

Hier sind einige, die sie aufgeschrieben haben:
- $21 : (7 + 6 - 1) + 2 \cdot 3 = 7{,}75$
- $21 : 7 + 6 - (1 + 2) \cdot 3 = 0$
- $21 : 7 + (6 - 1 + 2) \cdot 3 = 24$

Aufgabe

Schreib eine Gleichung mit mindestens fünf Zahlen und mindestens drei verschiedenen Rechenarten. Ändere durch das Setzen von Klammern die Reihenfolge dieser Operationen, sodass du verschiedene Ergebnisse erhältst.

Zusatzaufgabe
Beginn mit der Lösung. Schreib zehn verschiedene Gleichungen für dieses Ergebnis.

Arbeitsschritte

Schreib eine Gleichung, die mindestens fünf Zahlen enthält und drei verschiedene Rechenarten. Füge Klammern hinzu oder nimm welche weg, um die Reihenfolge der Rechnung zu ändern. Rechne die neue Gleichung aus. Wiederhol das so lange, bis du meinst, dass du alle Möglichkeiten gefunden hast. Ändere keine Zahl und kein Rechenzeichen. Überprüf deine Lösungen. Denk dir dann eine weitere Gleichung aus.

Was kosten das Essen?

Darum geht's

Nina und Kalle planen, für ihre Familie ein Essen zu kochen. Sie möchten gerne ein Hähnchen-Gericht mit Nudeln und Brokkoli machen. Sie haben ein Rezept, in dem alle Zutaten aufgelistet sind. Ihr Vater sagt, sie dürfen gerne kochen, sie sollen nur nicht mehr als 12 Euro dafür ausgeben. Sie sind gespannt, ob sie mit dieser Summe auskommen.

Zutaten

1,5 kg Hähnchenbrust	200 ml Sauerrahm
200 g gehackte Zwiebeln	800 g Brokkoli
1 Dose Pilzcremesuppe	250 g Nudeln
200 g geriebener Käse	Saft einer Zitrone

Benutz diese Preistabelle, um die Kosten für das Gericht auszurechnen.

Hähnchenbrust	€ 9,99 pro kg
Sauerrahm	€ 1,09 pro 200 ml Topf
Zwiebeln	€ 1,49 pro kg
Brokkoli	€ 1,99 pro kg
Pilzcremesuppe	€ 1,65 pro Dose
Käse	€ 9,90 pro kg
Zitrone	€ 0,99 pro 4er-Netz
Nudeln	€ 1,09 pro kg

Aufgabe

Rechne aus, was die Zutaten zu Ninas und Kalles Rezept kosten. Reicht das Geld?

Zusatzaufgabe
Benutze Münzen und finde drei verschiedene Möglichkeiten, um die Summe darzustellen.

Arbeitsschritte

Mach eine Tabelle mit den folgenden Spalten: Zutaten, Preis pro Verkaufseinheit, Preis für benötigte Menge. Schreib die Zutaten in die Tabelle. Wende Division an, um die Preise der Zutaten auszurechnen. Schreib die Preise in die Tabelle. Summiere alle Zutaten-Preise und schau, ob 12 Euro für die Mahlzeit reichen.

Die beste Grafik

Darum geht's

Dennis und Anna sehen in anderen Klassenräumen, in Zeitungen und Büchern und im Internet ganz verschiedene Arten von Diagrammen, z.B. mit Säulen, Linien, Kurven und Torten. Sie fragen sich, ob diese verschiedenen Arten von Diagrammen benutzt werden, um verschiedene Arten von Informationen darzustellen. Sie wollen wissen, welcher Diagrammtyp am besten ist für welchen Typ von Daten.

Aufgabe

Sammle verschiedene Diagramme. Finde die Art der Daten heraus, die in den Diagrammen dargestellt ist, und überlege, warum die jeweilige Darstellung die sinnvollste ist.

Zusatzaufgabe
Sammle Daten und stelle sie in drei Diagrammarten dar.

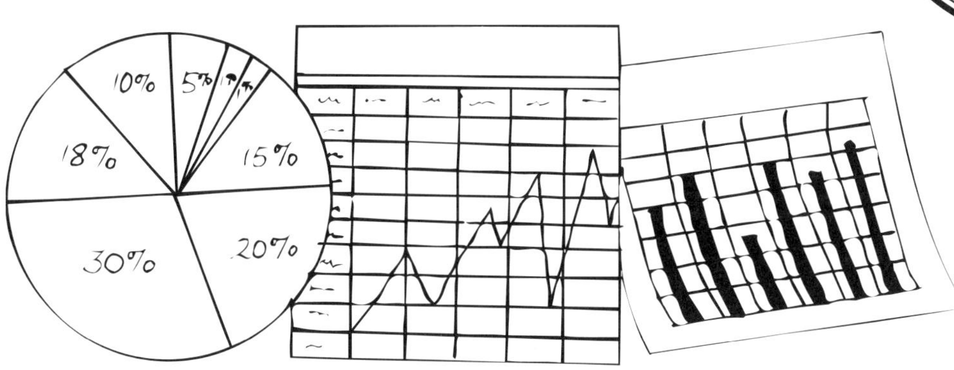

Arbeitsschritte

Such Diagramme in Zeitungen, Zeitschriften, Illustrierten, Nachschlagewerken, Mathebüchern, naturwissenschaftlichen Büchern oder im Internet. Mach eine Tabelle mit folgenden Überschriften: *Säulendiagramm, Tortendiagramm, Kurvendiagramm, Liniendiagramm.* Schreib auf, welche Arten von Informationen in jedem Typ von Diagramm dargestellt werden. Such nach Gesetzmäßigkeiten. Schreib eine Zusammenfassung, in der du begründest, warum jeder Typ dieser Diagramme sich für ganz bestimmte Daten eignet.

Bücherbestellung für die Klasse

Darum geht's

Jules Lehrer verteilt in der Klasse Zettel für Buchbestellungen. Er sagt, wenn jeder Schüler zwei Bücher bestellt, hätte er genug Bonus-Punkte, um Software für den Klassencomputer zu bestellen. Jule fragt sich, wie groß die Geldsumme wäre, wenn jeder Schüler zwei Bücher bestellen würde. Sie weiß, dass sie Durchschnittspreise errechnen und mit Schätzungen arbeiten muss, um die Antwort herauszufinden.

Aufgabe

Schätze den Preis einer Buchbestellung für eine ganze Klasse, bei der jedes Kind zwei Bücher bestellt.

Zusatzaufgabe

Wähl zwei Bücher aus, die du gerne bestellen würdest. Liegt deine Summe über oder unter dem durchschnittlichen Preis für zwei Bücher? Wie wäre der Preis für die ganze Klasse, wenn jeder deine Bücher bestellen würde?

Arbeitsschritte

Besorg dir einige Buchkataloge. Such doppelt so viele Bücher aus wie Kinder in deiner Klasse sind. Addiere alle Preise und dividiere die Summe dann durch die Anzahl der ausgewählten Bücher. Das Ergebnis ist der durchschnittliche Preis eines jeden Buches. Wenn du diesen Preis mit 2 multiplizierst, erhältst du den durchschnittlichen Betrag, den jedes Kind für seine zwei Bücher ausgeben muss. Multipliziere diesen Betrag mit der Anzahl der Kinder und du erhältst wieder den geschätzten Gesamtbetrag.

Einkaufen mit 20% Rabatt

Darum geht's

Lara und Suse brauchen neue Kleidung und dürfen allein Einkaufen gehen. Von ihren Eltern erhalten sie dazu Geld. Sie sind ganz aufgeregt, und sie haben in der Zeitung gelesen, dass in ihrem Lieblingsladen zur Zeit Ausverkauf ist und alle Kleidungsstücke mit 20% Rabatt verkauft werden.

Aufgabe

Suche aus einem Katalog oder einem Werbeblatt oder in einem Laden mindestens 15 Kleidungsstücke aus. Rechne jeden Preis mit 20% Rabatt aus.

Zusatzaufgabe
Überleg dir eine angemessene Summe für Kleidung und such dann die Kleidungsstücke aus, die du kaufen möchtest. Addiere die Preise. Rechne aus, wie viel Geld du bei 20% Rabatt sparen würdest.

Arbeitsschritte

Mach eine Tabelle mit folgenden Überschriften: *Kleidungsstück, Originalpreis, 20% Rabatt* und *neuer Preis.* Wähle mindestens 15 Kleidungsstücke aus einem Katalog aus. Schreib die Sachen in die erste Spalte und den Originalpreis in die zweite. Rechne von jedem Preis 20% aus und schreib dies in die dritte Spalte. Subtrahiere die 20% vom Originalpreis, um den reduzierten Preis von jedem Kleidungsstück zu ermitteln. Werte deine Daten aus und schau nach Mustern. Gibt es einen schnellen Weg, die Ausverkaufspreise zu schätzen und zu berechnen? Überprüfe deine Ergebnisse mit einem Taschenrechner.

Lieblings-Mensaessen

Darum geht's

Anja und Tobias möchten herausfinden, welches Mittagessen in der Schulmensa am beliebtesten ist. Sie haben keine Zeit, jeden Schüler zu befragen, deshalb beschließen sie, eine Umfrage mit einer zufälligen Auswahl von Schülern durchzuführen. Sie wollen einen von je fünf Schülern befragen. Mit dem Ergebnis wollen sie zum Schulkoch gehen und ihn bitten, das beliebteste Essen öfter anzubieten.

Aufgabe

Wenn es in deiner Schule einen Mittagstisch gibt, mach eine Umfrage mit einer zufälligen Auswahl von Kindern zu ihrem bevorzugten Mittagessen. Wenn es bei dir kein Mittagessen gibt, überleg dir eine ähnliche Umfrage zum Wunschessen für die nächste Klassenreise.

Zusatzaufgabe
Schreib einen Brief an den Schulkoch, in dem du ihm die Ergebnisse deiner Untersuchung erklärst.

Arbeitsschritte

- Finde heraus, wie viele Kinder in jeder Klasse sind. Rechne aus, wie viele Kinder eins von fünf Kindern in jeder Klasse sind. Entscheide, wie du diese Kinder zufällig auswählen willst. Mach eine Tabelle, in der Platz genug ist, um ein Mittagessen hineinzuschreiben und Striche zum Zählen einzutragen.
- Stell den ausgewählten Kindern folgende Frage: „Was ist dein Lieblings-Mittagessen?" Schreib die Antwort in die erste Spalte der Tabelle und zeichne einen Strich daneben. Mach einen Strich für jede gleiche Antwort. Jedes Mal, wenn ein neues Essen auftaucht, schreibst du es in eine neue Reihe. Mach eine Grafik und werte deine Ergebnisse aus, sodass du sie dem Koch geben kannst.

Gewinnspanne

Darum geht's

Die 6. Klasse möchte Geld für einen wohltätigen Zweck aufbringen. Die Schüler beschließen, in der Schule einen kleinen Laden zu eröffnen. Sie können zwischen 20 verschiedenen Produkten auswählen, die sie verkaufen könnten. Jedes Produkt kann mit einem Gewinn von 15 % bis 50 % verkauft werden. Eine Gruppe Schüler trifft sich, um zu entscheiden, welche Sachen sie verkaufen wollen und welchen Preis sie für jedes Teil verlangen.

Aufgabe

Such mindestens 7 Sachen aus, die in einem Laden in der Schule verkauft werden können. Finde den Preis jedes Teils heraus und leg fest, für welchen Preis du ihn verkaufen willst. Rechne den Gewinn (in Euro und in Prozent) aus.

Zusatzaufgabe
Arbeite die Schritte heraus, die deine Klasse unternehmen müsste, um einen Laden in der Schule zu eröffnen. Schreib einen Brief, in dem du deinen Plan erklärst und um die Genehmigung für einen Laden bittest.

Arbeitsschritte

Schreib eine Liste mit Gegenständen, die Schüler in einem Schulladen kaufen würden. Mach eine Tabelle mit folgenden Überschriften: *Gegenstand, Katalogbezeichnung, Einzelpreis, Verkaufspreis, Gewinn in Euro* und *Gewinn in Prozent.* Benutze Kataloge, um den besten Preis für jedes Produkt herauszufinden.

Tic Tac Toe

Darum geht's

Karoline spielt gerne „Tic Tac Toe“. Sie verliert oft und glaubt aber, dass es eine Gewinnstrategie gibt. Hilf ihr, einen Weg zu finden, wie sie gewinnen (oder unentschieden spielen) kann.

Aufgabe

Entwickle eine Gewinnstrategie für „Tic Tac Toe“.

Zusatzaufgabe
Erkläre deine Erkenntnisse und begründe deine Gewinnstrategie. Schreib dies auf.

Arbeitsschritte

Beschrifte jedes Kästchen deines Spielfeldes mit einem Buchstaben. Mach eine Tabelle, um deine Spielzüge aufzuschreiben. Spiel ein Spiel mit einem Partner und notiere jeden Spielzug in der Tabelle. Such eine Farbe aus, in der du deine eigenen Züge aufschreibst, und eine andere Farbe für die Züge deines Partners. Notiere, ob du gewonnen hast oder nicht. Spiel mehrere Spiele. Werte deine Daten aus. Welche Spiele hast du gewonnen oder unentschieden gespielt? Such nach Regeln.

A	B	C
D	E	F
G	H	I

Spielzüge	Gewonnen?
CEFIABHGD	nein

Anteil-Na(h)men

Darum geht's

Claras Freundin Isabel versteht den Zusammenhang zwischen Brüchen, Dezimalzahlen und Prozenten nicht. Clara will Isabel dabei helfen. Clara will ein Schaubild entwickeln oder Schritte aufschreiben, die es Isabel erleichtern sollen, den Zusammenhang zu verstehen.

Aufgabe

Überleg, wie du Schritt für Schritt den Zusammenhang zwischen Brüchen, Dezimalzahlen und Prozenten schriftlich erklären kannst. Du kannst ihn auch in einem Schaubild darstellen.

Zusatzaufgabe
Schreib eine ausführliche Anleitung für ein anderes mathematisches Verfahren.

Arbeitsschritte

Wähl einen Prozentanteil. Schreib ihn als Dezimalzahl und als Bruch auf. Schreib jeden Schritt auf, den du bei der Umwandlung der Zahlen machst. Lies deine Schritte. Sind sie klar? Kann man ihnen leicht folgen? Sind sie richtig? Nimm jede Verbesserung vor, die nötig ist. Überleg dir eine Möglichkeit, diese Schritte in einem Schaubild oder einer Tabelle darzustellen.

Mehr als eine Antwort

Darum geht's

Maike und Jenni haben Problemlösungs-Aufgaben aufgeschrieben. Sie haben sich als besondere Herausforderung Aufgaben ausgedacht, für die es mehr als eine Antwort gibt. Zum Beispiel:

- Die Tierhandlung hat ein Aquarium voller Fische und Frösche. 40% des Inhalts besteht aus weiblichen Fischen und 30% aus männlichen Fröschen. Zwei Drittel vom Rest sind männliche Fische. Wie viel Prozent weibliche Frösche gibt es?
- Im Klassenzimmer ist ein Kasten mit Stiften. Mehr als 80% sind abgebrochen. 50% sind rosa, gelb oder orange. Mach eine Tabelle, in der man sieht, was in dem Kasten sein könnte.
- Der Gartenclub hat einen Gemüsegarten. Ein Viertel der Pflanzen produziert grüne Früchte. Weniger als 10% sind grüne Bohnen. Es gibt mindestens 8 verschiedene Arten von Pflanzen. Zeichne ein Schaubild und beschrifte die Pflanzen.

Aufgabe

Schreib mindestens zwei weitere Aufgaben, für die es drei oder mehr Lösungen gibt. Gib für jede Aufgabe drei mögliche Antworten an.

Zusatzaufgabe
Verteil deine Aufgaben unter deinen Klassenkameraden. Mach eine Tabelle mit den verschiedenen Lösungen, die sie gefunden haben.

Arbeitsschritte

Schreib eine Liste mathematischer Begriffe und Verfahren wie *Menge, Anzahl, Dezimalzahl, Division, Differenz, Prozent.* Wähl ein Verfahren, das du in einer Problemlösungs-Aufgabe anwenden willst. Mach einen groben Entwurf. Überprüf deine Aufgabe, indem du mögliche Lösungen aufschreibst. Wiederhole es mit einer zweiten Aufgabe.
Schreib auf eine Seite einer Karteikarte die Aufgabe, auf die andere Seite drei mögliche Lösungen.

Zufällige Prozentanteile

Darum geht's

Aron und Mona vergleichen Paare von vierstelligen Zahlen, indem sie das Gleichheitszeichen und die Zeichen für „größer als" und „kleiner als" benutzen. Aron fragt Mona, ob sie eine Idee hat, zu wie viel Prozent jedes Zeichen (>, < oder =) vorkommt. Sie beschließen, darüber Daten zu sammeln, um es herauszufinden. Aron sagt: „Lass uns viele Zahlenpaare vergleichen und dann den Prozentanteil von jedem Zeichen ausrechnen."

Aufgabe

Mach eine Voraussage, zu welchem Prozentanteil jedes Zeichen vorkommen wird, wenn du 50 Zahlenpaare vergleichst. Wähl dann 50 zufällige Zahlenpaare aus und untersuche sie. Rechne anschließend aus, mit welchem prozentualen Anteil jedes Zeichen vorkommt.

Zusatzaufgabe
Führe das Ganze erneut durch und schau, ob du dieselben Prozentanteile erhältst.

Arbeitsschritte

Mach eine Tabelle, in die du deine zufällig ausgewählten Zahlen eintragen kannst. Mach eine Voraussage.
Schneide gelbes, rotes, blaues und grünes Papier zu kleinen Kärtchen, 10 von jeder Farbe. Schreib die Ziffern von 0–9 auf jeden Kartensatz. Jede Farbe hat ihren eigenen Stellenwert: Die Tausender sind gelb, die Hunderter rot, die Zehner blau und die Einer grün.
Nimm 2 Karten von jeder Farbe, leg deine beiden vierstelligen Zahlen und notier sie in der Tabelle. Leg die Karten zurück zu den Haufen und schreib das passende Zeichen in die mittlere Spalte. Führ eine Strichliste, um herauszufinden, wie oft jedes Zeichen vorgekommen ist. Rechne die Prozentanteile jedes Zeichens aus. Vergleich die Ergebnisse mit deiner Voraussage.

Aarons Zahlen	Zeichen	Monas Zahlen
8361	>	1368
9548	<	9854

>	|||
<	||
=		

Das kostet Zeit!

Darum geht's

Dario möchte furchtbar gern ein Haustier haben. Er hat viele Informationen eingeholt und sich für ein Tier entschieden. Er hat genug Geld gespart, um das Tier zu kaufen, eine Unterkunft zu besorgen und für einige Zeit auch die Nahrung zu bezahlen. Seine Eltern sind noch nicht so ganz damit einverstanden. Ihnen geht es dabei nicht um die Kosten, sondern um die Zeit, die man für so ein Tier braucht. Dario hat immer sehr viel um die Ohren. Seine Mutter wendet ein, dass er das Tier immer füttern und sauber halten muss. Sein Vater befürchtet, dass er seine anderen Verpflichtungen im Haushalt vernachlässigen wird, wenn er sich um ein Haustier kümmert. Dario braucht Hilfe dabei, einen Zeitplan zu erstellen, der es ihm ermöglicht, sich sowohl um ein Tier als auch um all seine anderen Verpflichtungen zu kümmern.

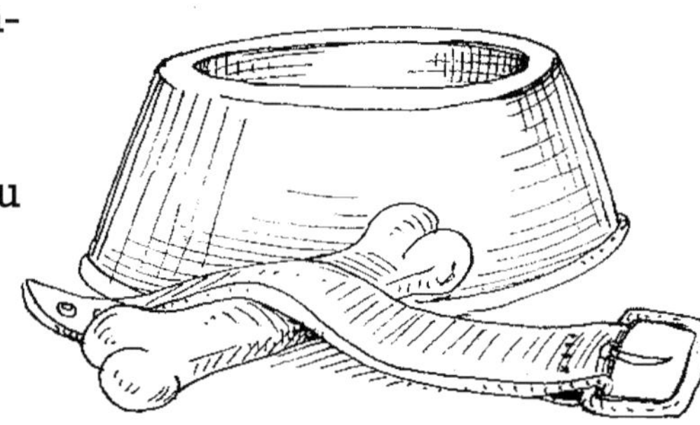

Aufgabe

Mach einen Zeitplan für eine Woche, die die Pflege eines Haustiers einschließt.

Zusatzaufgabe
Schau dir deinen eigenen Wochenplan genau an. Bleibt darin Zeit für ein Haustier, das du dir ausgesucht hast? Schreib an deine Eltern einen Brief, in dem du ihnen deine Wahl erklärst.

Arbeitsschritte

- Such dir ein Haustier aus. Finde heraus, wie viel Zeit die Pflege dieses Tieres braucht. Mach dir dafür eine Tabelle mit folgenden Überschriften: *Tätigkeit, Häufigkeit pro Woche, benötigte Zeit.*
- Erstell einen Wochenplan, in den du all deine regelmäßigen Tätigkeiten einträgst; denk auch an die Zeit für Hausaufgaben, Hilfe bei der Hausarbeit und Dinge, die du in deiner Freizeit tust.
- Schau dir die Tabelle an, in der du die notwendigen Verrichtungen für das Haustier eingetragen hast, und übertrag diese in deinen Wochenplan. Such dir feste Zeiten aus und schreib auf, wie lange jede Verrichtung dauert.

Stundenzettel

Darum geht's

Merles Klasse beschäftigt sich mit verschiedenen Berufen. Ihre Lehrerin bringt ihnen bei, wie man Stundenzettel macht bzw. einen Stundenplan für eine ganze Woche. Merle weiß, wie man Anfang und Ende einer Zeitspanne herausfindet und wie man Minuten und Stunden ausrechnet. Sie will herausfinden, wie viel Zeit sie wöchentlich mit Mathematik beschäftigt ist. Sie erstellt folgenden Stundenzettel:

Tag	Anfang	Ende	Dauer	Gesamtdauer
Mo	9.02	9.26	0:24	0:24
Di	10.45	11.30	0:45	1:09
Di	14.30	15.02	0:32	1:41
Mi	9.03	9.32		
Mi	9.48	10.03		
Do	9.12	10.03		
Do	10.39	11.16		
Fr	11.22	12.01		
Fr	14.46	15.13		

Aufgabe

Rechne die Spalten Dauer und Gesamtdauer von Merles Zeittabelle aus. Such dir eine deiner Tätigkeiten aus und benutz das Stundenzettel-Format, um die Zeit aufzuschreiben, die du in einer Woche brauchst.

Zusatzaufgabe
Mach zu der von dir ausgesuchten Tätigkeit eine Grafik mit Tageseinteilungen. Bestimme den Mittelwert, den Spitzenwert und den Minimalwert für eine Woche.

Arbeitsschritte

Mach einen Stundenzettel wie den von Merle. Such dir eine Beschäftigung aus, die du gerne aufschreiben möchtest, z.B. die Zeit, die du mit einem Hobby, mit Lesen, mit Sport oder mit Fernsehen verbringst. Schreib den Zeitpunkt des Beginns und des Endes der Beschäftigung auf oder stopp die Zeit. Rechne die Gesamtdauer für eine Woche aus.

Freizeitpark

Darum geht's

Olli und Achmed wollen mit Freunden in einen Freizeitpark fahren. Sie planen, dort um 9.00 Uhr anzukommen und bis 19.00 Uhr zu bleiben. Sie möchten ihre Zeit gut nutzen und haben sich deshalb einen Tagesplan gemacht. Hier sind die Informationen, die sie vorher über den Park eingeholt haben:

Hier hat man vormittags Wartezeiten von 1-2 Stunden und nachmittags von 45 Minuten bis zu 1 Stunde:

Riesenloopingbahn	Wildwasserbahn	Gebirgsachterbahn
Riesenschiffsschaukel	Goldwäsche	Westerneisenbahn
Alligatoren-Show	Sturmvogel	

Hier hat man nachmittags Wartezeiten von 30 Minuten bis zu einer Stunde (vormittags halb so lang):

Riesenrutsche	Floßfahrt	Delphin-Show
Bärenhöhle	Irrgarten	Fernlenkschiffe
Geisterbahn	Hängebrücke	

Hier muss man bis zu 15 Minuten oder gar nicht warten:

Riesenrad	Minigolf	Mississippidampfer
Indianerlager	Klein-Las-Vegas	Dampfkarussel
Paddelboot	Autoskooter	Schwimm-Wackelbrücke

Aufgabe

Entwickle einen Aktivitäten-Stundenplan für einen Tagesbesuch im Freizeitpark. Berücksichtige Wartezeiten.

Zusatzaufgabe
Mach einen zweiten Vorschlag für Aktivitäten, sodass deine Freunde oder Eltern eine Wahlmöglichkeit haben.

Arbeitsschritte

Finde die Ankunfts- und Abfahrtszeiten heraus. Mach dir eine Liste mit möglichen Aktivitäten, schreib sie in der Reihenfolge von der wichtigsten zur unwichtigsten auf. Schreib die Aktivitäten in einen Stundenplan. Schätz dabei die möglichen Wartezeiten und die Dauer der einzelnen Aktivitäten.

Die Hälfte von der Hälfte von der ...

Darum geht's

Johannas Eltern wünschen sich, dass sie weniger fernsieht, und haben deshalb eine Vereinbarung mit ihr getroffen. Sie geben ihr am Anfang der Woche 10 Euro. Sie erlauben Johanna, jeden Tag eine Stunde umsonst fernzusehen. Für jede halbe Stunde, die sie mehr guckt, muss sie die Hälfte ihres verbliebenen Geldes bezahlen. Wenn sie die gesamten 10 Euro verbraucht hat, darf sie für den Rest der Woche nicht mehr fernsehen. Johanna fragt sich, wie lange sie fernsehen kann, bis all ihr Geld verbraucht ist.

Aufgabe

Berechne das Maximum von Stunden, das Johanna in einer Woche vorm Fernseher verbringen kann.

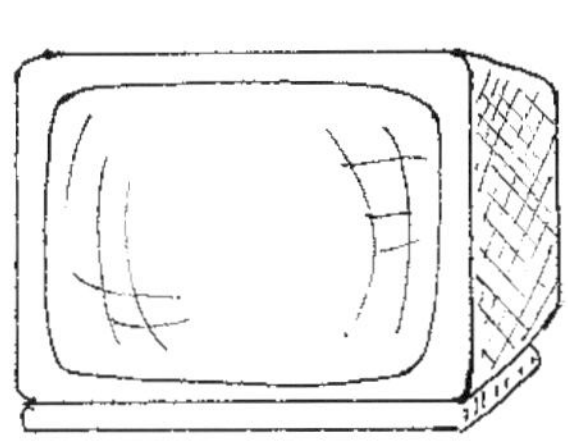

Zusatzaufgabe

Schreib einen Plan, wie du deine Fernseh-Zeit nutzen würdest. Was würdest du dir ansehen? Was würdest du mit dem Geld machen, wenn du welches übrig hättest? Wie geschickt wäre der Vorschlag der Eltern, wenn es kleinere Geldeinheiten als Cent gäbe?

Arbeitsschritte

Mach eine Tabelle mit folgenden Überschriften: *Startbetrag, Anzahl halber Stunden* und *verbleibender Geldbetrag.*

Schreib 10 Euro in die erste Spalte unter *Startbetrag.* Halbiere den Betrag und schreib ihn in die Tabelle. (Du musst entscheiden, wie du mit Bruchteilen von Euros verfahren willst.) Halbiere immer weiter, bis kein Geld mehr übrig ist.

Zähl die Menge halber Stunden. Wandle sie in Stunden um. Addiere sie zu den Stunden, die Johanna ohne Bezahlung fernsehen darf.

Mit welchem System rechne ich?

Darum geht's

Patrick hat ein Rätsel für Simon: „Wann ergibt 10 + 21 = 101? Gibst du auf?" – „Wenn im Dreiersystemgerechnet wird." Patrick und Simon finden es toll, in anderen Systemen als dem Dezimalsystem zu rechnen. Sie wollen eine Tabelle erstellen mit verschiedenen Systemen und dann solche Rätsel wie das von Patrick aufschreiben.

Aufgabe

Erstell eine Tabelle mit verschiedenen Systemen. Nimm das Zehnersystem und mindestens zwei andere. Schreib mindestens drei Rätsel, in denen mit verschiedenen Systemen gerechnet wird.

Zusatzaufgabe
Schreib eine Subtraktions-, eine Multiplikations- oder eine Divisionsaufgabe in einem anderen als dem Dezimalsystem.

Arbeitsschritte

- Mach eine Tabelle mit folgenden Überschriften: *System* und *Zahlen.* Beginn in der obersten Reihe mit dem Zehnersystem. Schreib auf dieser Basis die Zahlen von 0 bis 34 in diese Reihe. Wähl fünf andere Systeme. Mach für jedes eine Reihe. Zum Beispiel für das Dreiersystem: 1, 2, 10, 11, 12, 20, 21, 22, 100, 101, 102, 110.
- Schreib eine Additionsaufgabe im Zehnersystem. Benutze dieselben Zahlen für eine Aufgabe in einem anderen System.
- Schreib das Rätsel: „Wann ergibt ____ + ____ = _____?" (füll die Lücken mit Zahlen) auf eine Seite einer Karteikarte. Schreib die Antwort und eine Erklärung auf die andere Seite. Schreib so mindestens drei Rätsel.

Geometrische Bilder

Darum geht's

Jasmin befasst sich in Kunst mit geometrischen Formen. Sie hat beschlossen, ein Bild zu malen, in dem mindestens sechs verschiedene zweidimensionale und vier dreidimensionale Formen versteckt sind. Dann will sie ihr Kunstwerk mit Plastikfolie abdecken, sodass jemand anders alle Formen nachzeichnen kann.

Aufgabe

Fertige eine Zeichnung oder ein Gemälde an, in dem mindestens sechs zweidimensionale und vier dreidimensionale Formen enthalten sind. Schreib eine Liste mit den Formen, die du verwendet hast. Man soll erkennen können, ob sie zwei- oder dreidimensional sind.

Zusatzaufgabe
Bedeck dein Kunstwerk mit Plastikfolie. Lass einen Klassenkameraden mit einem wasserlöslichen Stift die Formen nachzeichnen und benennen, die er in deinem Bild findet.

Arbeitsschritte

Mach eine Liste mit zwei- und dreidimensionalen Formen. Schreib sie zum Zählen in eine Tabelle. Entwirf ein Bild, das die festgelegte Anzahl an Formen enthält. Während du deinen Entwurf zeichnest, mach für jede Form, die du verwendest, einen Strich in die Tabelle. Benutz Malkreide, Buntstifte oder Wasserfarben für die Vervollständigung deines Bildes. Schreib Hinweise für die Lösung.

Vermisste Maße

Darum geht's

Olga verpackt Zuckerstreusel, die sie auf dem Schulfest an einem „Dekorier deinen Kuchen“-Stand verkaufen will. Sie hat vor, verschiedene Mengen Streusel zu verpacken. Die Verpackungsmengen sollen von einem Gramm bis zu 20 Gramm reichen. Olga benutzt eine Balkenwaage und Gewichte. Sie hat nur Gewichte von 2 Gramm, 3 Gramm und 4 Gramm. Sie fragt sich, wie sie damit Packungen von 1 Gramm, 5 Gramm usw. abwiegen soll.

Aufgabe

Mach eine Tabelle mit jeder Zahl von 1 bis 20. Beschreib, wie Olga die vorhandenen Gewichte nutzen soll, um jede Packungsmenge von Zuckerstreuseln abzuwiegen.

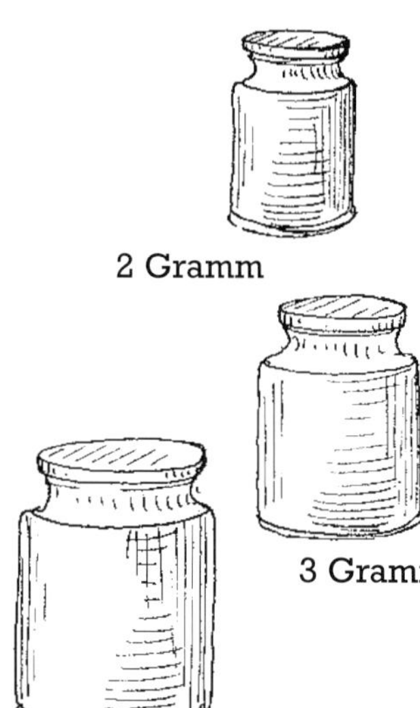

2 Gramm

3 Gramm

4 Gramm

Zusatzaufgabe

Versuch dasselbe Experiment mit folgenden Gewichten: 1 Gramm, 3 Gramm und 8 Gramm. Welche Mengen kannst du genau abmessen?

Arbeitsschritte

Nimm dir eine Balkenwaage und Gewichte von 2 Gramm, 3 Gramm und 4 Gramm. Du brauchst Sand oder Zucker zum Abwiegen und Plastiktüten, in die du ihn abfüllen kannst. Mach eine Tabelle, in die du die Zahlen von 1–20 schreibst, und, wie du die genauen Mengen erhalten hast. Benutz einen Löffel, um kleine Mengen auf die Waage zu schütten oder wieder wegzunehmen. Tipp: Du darfst Gewichte auf jede Seite der Waage oder auf beide Seiten gleichzeitig stellen.

Je länger, desto mehr passt rein?

Darum geht's

Christine und Malte entwerfen einen Raum für die Sportgeräte der Schule. Der Raum muss ein Volumen von 24 Kubikmetern haben. Sie wissen, dass sie den Raum auf unterschiedliche Weisen konstruieren können. Um die verschiedenen Möglichkeiten zu zeigen, beschließen sie, ein Modell zu machen.

Aufgabe

Berechne mindestens sechs verschiedene Möglichkeiten für ein Volumen von 24 Kubikmetern.
Berechne für diese Möglichkeiten auch die Oberflächen (*mit* oder *ohne* Deckel).

Zusatzaufgabe
Schau nach Mustern. Welche Dimensionen lassen die Schachteln von ihrem Volumen her kleiner oder größer erscheinen? Wie kann die Verpackungsindustrie diese Informationen nutzen, um dir Dinge zu verkaufen?

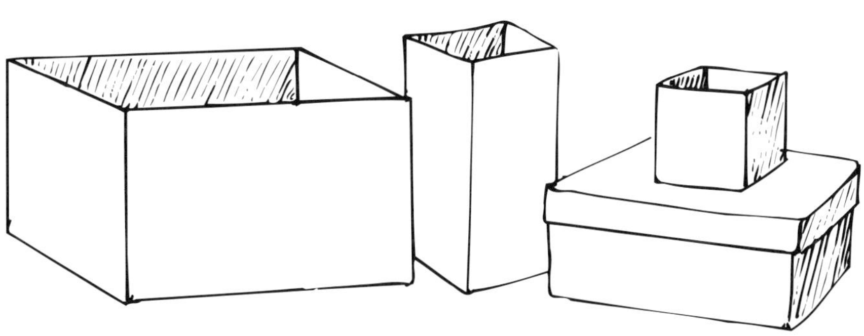

Arbeitsschritte

Mach eine Tabelle mit folgenden Überschriften: *Länge, Breite, Höhe, Volumen* und *Oberfläche.* Bau rechteckige Figuren aus 24 würfelförmigen Bauklötzen. Notier die Daten. Rechne das Volumen und die Oberfläche jeder Figur aus (*mit* oder *ohne* Deckel).

Geschenkverpackungen

Darum geht's

Judith und Matthias machen auf dem Schulfest einen Stand für Geschenkverpackungen. Sie wollen eine Preisliste für verschiedene Verpackungsgrößen entwerfen. Sie haben sechs Schachteln unterschiedlicher Größe gesammelt. Sie wollen ausrechnen, wie viel Einschlagpapier sie für jede Schachtel brauchen. Als Preis legen sie 1 Euro pro Quadratmeter Papier fest.

Aufgabe

Entwickle eine Preistabelle für das Einwickeln von Geschenken. Die Tabelle sollte die Maße von mindestens sechs Schachteln enthalten, die erforderliche Menge an Geschenkpapier und den geschätzten Preis.

Zusatzaufgabe
Rechne aus, wie viel Schleifenband für jede Verpackungsgröße gebraucht wird.

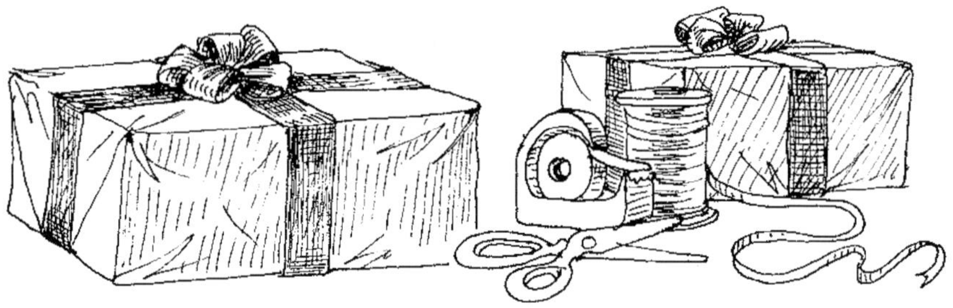

Arbeitsschritte

Mach eine Tabelle mit folgenden Überschriften: *Nummer der Schachtel, Flächengröße jeder Seite, Gesamtfläche der Schachtel, Gesamtfläche vom Geschenkpapier* und *Preis.* Wähl dir einen Behälter aus. Miss die Fläche jeder Seite. Rechne einen festen Anteil von Papier (z.B. ein Fünftel) zum Überlappen hinzu, damit es gut aussieht und man es besser zukleben oder zubinden kann.
Rechne mit einem Preis von 1 Euro pro Quadratmeter. Wiederhol dasselbe mit mindestens fünf weiteren Schachteln.

Nichts verschütten!

Darum geht's

Janne und Chris haben das Gewicht vieler verschiedener Dinge gemessen. Sie haben herausgefunden, dass Dinge von gleicher Größe nicht notwendigerweise auch dasselbe Gewicht haben. Das Gewicht wird ebenso davon bestimmt, aus welchem Material die Sachen bestehen. Nun fragen sie sich, ob alle Flüssigkeiten mit demselben Volumen auch dasselbe Gewicht haben.

Aufgabe

Miss das Gewicht von mindestens 10 verschiedenen Flüssigkeiten (bei gleichem Volumen).

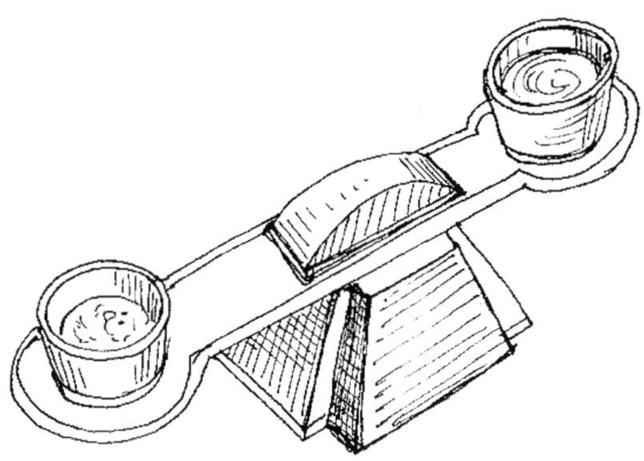

Zusatzaufgabe
Berechne das Gewicht der vorher gewogenen Flüssigkeiten für das Volumen von einem Liter.

Arbeitsschritte

- Sammle 10 verschiedene Flüssigkeiten. Beschrifte jede mit einem Namen oder einem Buchstaben. Nimm 10 kleine Papp- oder Plastikbecher von derselben Größe und demselben Gewicht. Beschrifte jeden Becher mit einer Flüssigkeit.
- Nimm einen kleinen Messbecher, mit dem du dieselbe Menge von jeder Flüssigkeit in die Becher gießt. Mach eine Tabelle mit folgenden Überschriften: *Flüssigkeit* und *Gewicht.* Miss das Gewicht jeder Flüssigkeit und schreib es in die Tabelle. Denk daran, das Eigengewicht des Bechers abzuziehen. Ordne die Becher nach ihrem Gewicht.

Was soll ich anziehen?

Darum geht's

Ina und Eva haben dieselbe Kleidergröße. Beide Mädchen haben keine Lust mehr auf ihre eigene Kleidung, deshalb beschließen sie, ihre Garderobe miteinander zu teilen. Eva sagt: „Ich würde ja gern mal wissen, wie viele verschiedene Möglichkeiten wir jetzt haben, unsere T-Shirts, Hosen, Röcke, Blusen und Jacken zu kombinieren.“ Eva hat drei Jacken, zwei Röcke, fünf T-Shirts, vier Blusen und fünf Hosen. Ina hat zwei Jacken, drei Röcke, drei T-Shirts, fünf Blusen und vier Hosen.

Aufgabe

Finde heraus, wie viele Anzieh-Kombinationen Ina und Eva haben. Stell sicher, dass die Kleidungsstücke zueinander passen.

Zusatzaufgabe
Wie verändern sich die Zahlen, wenn du zwei Hüte zur Kleiderliste hinzufügst?

Arbeitsschritte

- Zeichne ein Bild von jedem Kleidungsstück. Schneid die Bilder aus. Leg alle Kombinationen von Kleidungsstücken.
- Kombiniere zum Beispiel ein T-Shirt mit allen Hosen und Röcken. Füge dann jede Jacke zu diesen Kombinationen hinzu.
- Mach eine Strichliste, während du auf diese Weise systematisch die Kombinationen durchgehst. Achte während deiner Arbeit auf Zusammenhänge. Vielleicht kannst du schon recht bald Multiplikation anwenden, um alle Kombinationen herauszufinden.

Wie viele Wörter?

Darum geht's

Alle sechsten Klassen von drei benachbarten Schulen machen einen Lesewettbewerb. Jeder Schüler kriegt für jedes gelesene Buch einen Punkt. Vivian und Alexa sind unzufrieden mit dem Punktesystem, weil alle Bücher gleich bewertet werden, egal wie viele Seiten oder Wörter sie haben. Sie wünschen sich ein Punktesystem, das die Anzahl von Wörtern und Seiten berücksichtigt. Sie wissen, wie sie die Seitenzahl finden, brauchen aber deine Hilfe, um möglichst schnell die annähernde Anzahl an Wörtern festzustellen.

Aufgabe

Finde für mindestens fünf Bücher die annähernde Anzahl von Wörtern heraus.

Zusatzaufgabe
Entwickle ein Punktesystem, das Vivian und Alexa wohl gerecht finden und das leicht zu benutzen ist.

Arbeitsschritte

Zeichne eine Tabelle mit folgenden Überschriften: *Buchtitel, Seitenzahl, durchschnittliche Zeilen pro Seite, durchschnittliche Anzahl von Wörtern pro Zeile, Anzahl von Wörtern pro Seite, Anzahl von Wörtern im Buch.*
Such dir mindestens fünf Bücher aus. Mach dann Folgendes für jedes Buch: Such beliebige fünf Seiten aus. Nimm von jeder Seite fünf verschiedene Reihen (z.B. die erste, fünfte, achte, zwölfte und sechzehnte). Zähl die Wörter der ausgewählten Reihen. Um die durchschnittliche Anzahl von Wörtern zu erhalten, musst du die Wörter aller fünf Reihen addieren, zum nächsten Fünfer runden und dann durch fünf dividieren. Multipliziere diese Zahl mit der Anzahl der Reihen deiner Seite, um die Anzahl der Wörter pro Seite zu erhalten. Addiere die Summen aller fünf ausgewählten Seiten und dividiere sie durch 5. So erhältst du die durchschnittliche Anzahl der Wörter pro Seite. Multipliziere diese Zahl mit der Seitenzahl des Buches und du erhältst die annähernde Gesamtanzahl von Wörtern.

Chaotische Kreuzung

Darum geht's

Vielen Eltern der Grundschule Am Weiher ist aufgefallen, dass es in der Nähe der Schule eine sehr belebte Kreuzung gibt. In der Schulkonferenz überlegen sie, ob erwachsene Schülerlotsen sinnvoll sind oder ob eine Ampel nötig ist. Sie beschließen herauszufinden, wie viele Autos die Kreuzung befahren und einen Bericht an die zuständige Behörde zu schicken. Der Schulleiter schlägt vor, dass vier Schülerinnen und Schüler sich an die Kreuzung setzen und die Anzahl der Autos (und Fahrzeuge) aufschreiben.

Aufgabe

Schreib die durchschnittliche Anzahl von Fahrzeugen auf, die innerhalb einer Viertelstunde auf einer Kreuzung in der Nähe deiner Schule fahren.

Zusatzaufgabe
Schreib einen Brief an deinen Schulleiter, in dem du ihm dein Vorgehen, deine Ergebnisse und sich daraus ergebende Forderungen erklärst.

Arbeitsschritte

- Wähl eine belebte Kreuzung in der Nähe deiner Schule aus. Leg zum Erheben deiner Daten einen angemessenen Zeitraum und einen sicheren Platz fest. Zeichne eine große Skizze von der Kreuzung. An jeder Ecke gibt es drei mögliche Fahrtrichtungen: Links, rechts und geradeaus.
- Wähl eine Person für jede Ecke aus. Jedes Kind soll eine Tabelle mit folgenden Überschriften machen: *links, rechts, geradeaus.* Schreibt alle gleichzeitig eine Viertelstunde lang die Anzahl der Fahrzeuge an euer Ecke auf. Tut dies zu mindestens sechs verschiedenen Zeiten eines Schultages.
- Errechnet die durchschnittliche Anzahl von Fahrzeugen für jede Ecke. Tragt alle Daten zusammen. Errechnet die durchschnittliche Anzahl von Fahrzeugen, die innerhalb einer Viertelstunde die Kreuzung überqueren. Präsentiert die Ergebnisse eurer Untersuchung.

Preisvergleiche

Darum geht's

Es ist November und Frau Augenschöns Klasse hat bereits alle Stifte für das Schuljahr aufgebraucht. Frau Augenschön will neue Stifte bestellen, wenn die Klasse bereit ist, die Preise zu erkunden. Sie fordert die Schüler auf, die Preise von 12 verschiedenen Sorten Stiften herauszufinden, den Preisunterschied zwischen dem teuersten und dem billigsten Stift sowie den durchschnittlichen Preis eines Stiftes zu berechnen.

Aufgabe

Untersuch die Preise von mindestens 12 verschiedenen Marken oder Arten von Stiften. Finde den Preis für jeden einzelnen Stift heraus, berechne die Preisspannen und den durchschnittlichen Preis.

Zusatzaufgabe
Schreib einen Vorschlag für die Lehrerin, welche Stifte du empfiehlst und wie viele gekauft werden sollten.

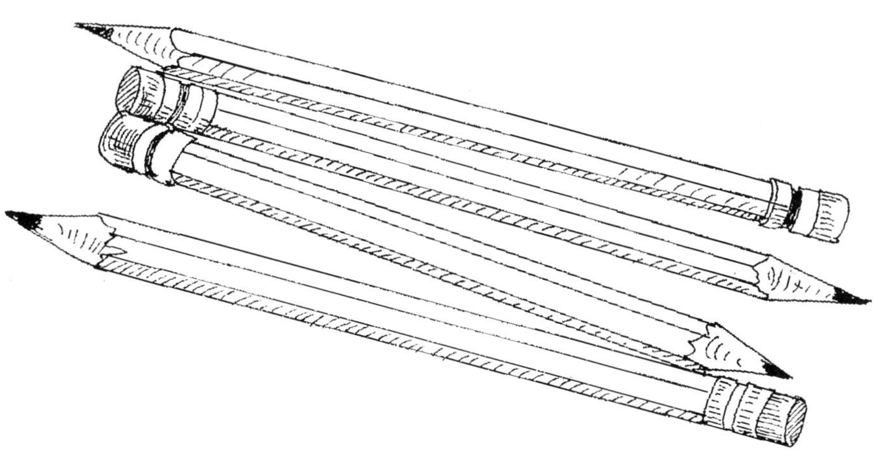

Arbeitsschritte

- Mach eine Tabelle mit folgenden Überschriften: *Sorte, (Katalog-)Preis pro Packung, Preis pro Stift.* Finde die Preise von mindestens 12 verschiedenen Sorten Stiften heraus. Du kannst Kataloge und Werbezettel benutzen oder in einem Laden die Preise aufschreiben.
- Zeig die Preisspanne (das ist der Unterschied zwischen dem billigsten und dem teuersten Stift). Rechne den durchschnittlichen Preis aus.

Schatzsuche auf der Karte

Darum geht's

Alex und Adam spielen ein Schatzsuche-Spiel und benutzen dafür die Koordinaten einer Landkarte. Hier sind einige von Alex' Fragen und Adams Antworten:

- Was befindet sich bei (A | 12)? *Eine Insel*
- Welches Dorf liegt bei (K | 2)? *Büdelsdorf*
- Welche Straße würdest du von (A | 1) nach (C | 5) benutzen? *Die B5*

Aufgabe

Such dir eine Karte mit einem Koordinaten-Raster. Schreib mindestens 15 Frage-Karten, in denen du Koordinaten verwendest.
Auf die Rückseite kommen die Antworten.

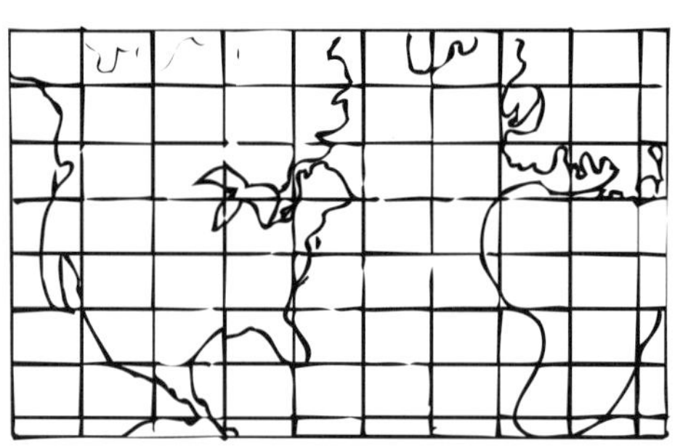

Zusatzaufgabe
Schreib Fragen auf, die nach den Koordinaten fragen, wie z.B.: „Wie heißen die Koordinaten, wo die Fähre bei Glückstadt die Elbe überquert?"

Arbeitsschritte

Besorg dir eine Karte mit Koordinaten. Benutz die Koordinaten, um Fragen nach Orten oder besonders interessanten Plätzen und Merkmalen (Kirchen, Schlösser, Seen, Autobahnkreuze ...) aufzuschreiben. Schreib die Fragen auf Karteikarten und ihre Antworten auf die Rückseite. Mach einen Schatzkarten-Satz aus mindestens 15 Karten.

Wie wahrscheinlich ist die Acht?

Darum geht's

Frau Blum wirft zwei riesige Würfel über den Boden im Klassenzimmer und die Kinder stehen alle auf, um zu sehen, welche Punktezahl sie geworfen hat. „Acht“, rufen sie. Frau Blum fragt: „Was glaubt ihr, wie hoch die Wahrscheinlichkeit ist, dass ich noch einmal eine Acht werfe?“ Alle denken darüber nach, finden aber keine Antwort. „Lasst es uns herausfinden“, sagt Frau Blum.

Aufgabe

Finde alle Würfe heraus, die mit zwei Würfeln möglich sind. Berechne die Wahrscheinlichkeit, die acht Augen zu würfeln.

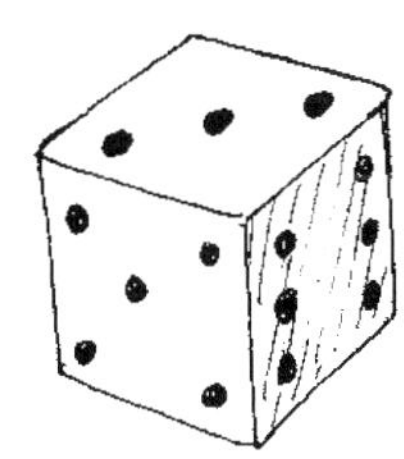

Zusatzaufgabe
Was glaubst du, wie oft du acht Augen erhältst, wenn du zwei Würfel 50-mal wirfst? Probier es aus. Berechne auch die Wahrscheinlichkeit, 12 Augen zu werfen.

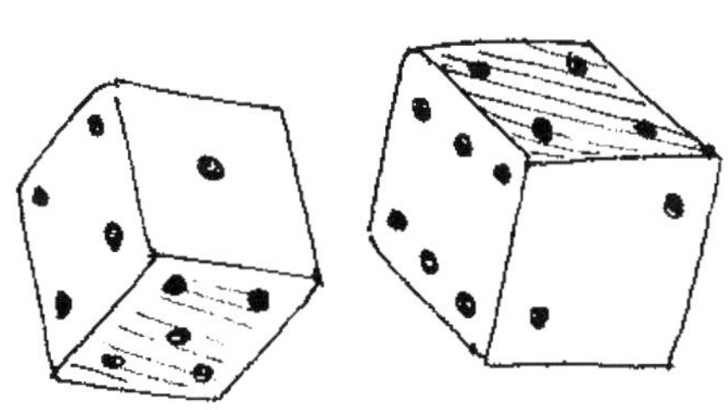

Arbeitsschritte

Mach ein Baum-Diagramm. Schreib eine Augenzahl von einem Würfel. Zieh eine Linie von dieser Zahl zu jeder anderen der sechs Würfelzahlen. Schreib eine zweite Zahl vom ersten Würfel. Zieh von dieser Zahl wieder Linien zu allen sechs Zahlen des anderen Würfels. Fahre so fort, bis du alle Kombinationen aufgezeichnet hast.

Zähl die Anzahl möglicher Würfe. Zähl, wie oft acht Augen geworfen werden. Die Wahrscheinlichkeit, eine Acht zu würfeln ist die Anzahl, wie oft eine Acht in der Anzahl aller möglichen Würfe vorkommt.

Euromünzen

Euromünzen

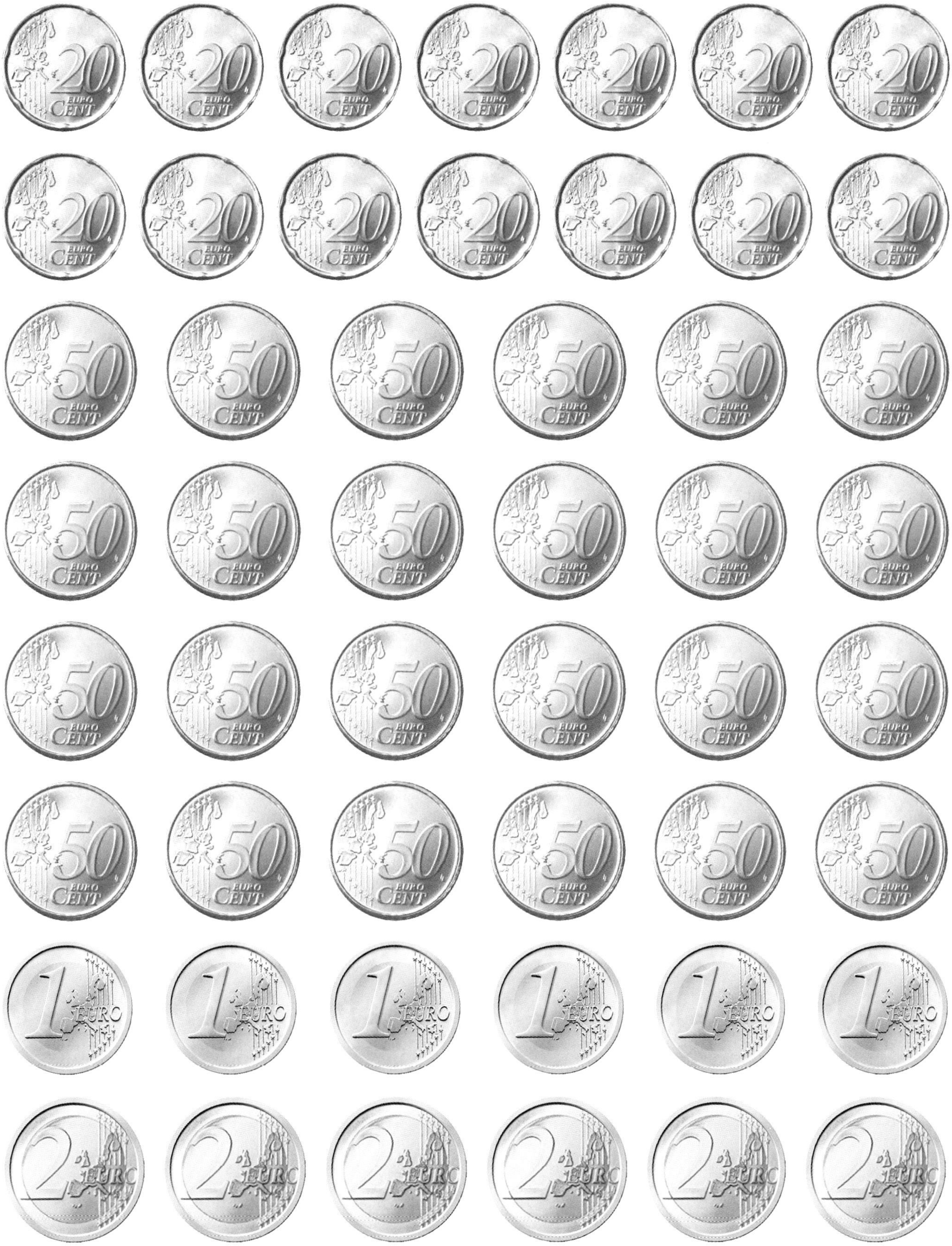

Euroscheine

Euroscheine

Handlungsorientiert und spielerisch rechnen lernen!

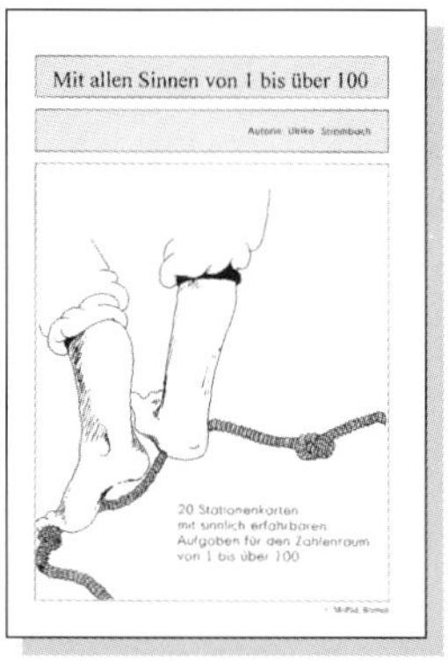

Ulrike Meier-Strombach

Mit allen Sinnen von 1 bis über 100

Zweifarbige Kartei
20 Seiten, DIN A4, banderoliert
mit Begleitheft, 8 Seiten, DIN A5
ab 1. Schuljahr
Mathematik

Best.-Nr. **M006**

Heute schon die Fünf gerochen?
Mit diesem abwechslungsreichen Material erarbeiten sich die Kinder im Anfangsunterricht mit allen Sinnen den Zahlenraum von 1 bis über 100, alleine, zu zweit oder in größeren Gruppen. Die Aufgaben sind so **einfach** wie **einfallsreich**, setzen aber lediglich simple Alltagsmaterialien voraus, die fast immer zur Hand sind. Sie sind so anregend illustriert, dass auch Kinder, die noch nicht sicher lesen, selbstständig **an Mathe-Stationen lernen** können.
Machen Sie die sonst so abstrakten Zahlen für Ihre Klasse zu eindrucksvollen und unvergesslichen Erlebnissen!

Christian Hartmann

Einmaleins aus der Hosentasche

Buntes Kartenspiel
36 Spielkarten, mit 2-seitiger Anleitung in einer Kunststoffbox
ab 2. Schuljahr
Mathematik

Best.-Nr. **M002**

Bei diesem einfachen Kartenspiel stehen auf den Vorderseiten der Karten die Aufgaben und auf den Rückseiten die Lösungen, sodass **Selbstkontrolle** möglich ist. Nicht nur die leistungsstarken Kinder können so das Multiplizieren im **Hunderterraum** üben. Zum Beispiel beim Einkaufen von Karten: Sechs Karten werden mit den Ergebnissen nach oben auf den Tisch gelegt. Die Mitspieler würfeln reihum und dürfen je nach Wurf eine entsprechende Zahl Karten einkaufen – natürlich nur gegen Bezahlung. Hier wird aber nicht mit Geld bezahlt, sondern mit Köpfchen, zum Beispiel mit dem Aufsagen einer zur Karte passenden 1 × 1-Reihe.

Christian Hartmann

Fixe Zehn

Buntes Kartenspiel
27 Spielkarten, 1-seitige Anleitung in einer Kunststoffbox
1. und 2. Schuljahr
Mathematik

Best.-Nr. **M036**

Hier wird um die Wette addiert!
Die **Addition im Zwanzigerraum** steht im Mittelpunkt dieses Spiels. Die Karten sind im Stil der Handdruckerei gestaltet. Sie zeigen auf der Vorderseite drei Summanden und auf der Rückseite ihre Summe als Ziffer und als Menge, sodass **Selbstkontrolle** möglich ist.
Drei Beispiele:

- Die Karten liegen so auf einem Stapel, dass die drei Summanden zu sehen sind. Die Kinder rechnen möglichst rasch die Summe der drei Zahlen im Kopf aus und drehen dann die Karte zur Kontrolle um.
- Oder die Kinder suchen aus den ausgebreiteten Karten möglichst schnell Kartentrios mit gleichem Ergebnis heraus.
- Es kann auch pro Runde die Karte, deren Summanden die größte Summe bilden, diejenige mit niedrigeren Summen ausstechen. Es gewinnt, wer am Ende alle Karten besitzt.

Bestellcoupon

Ja, bitte senden Sie mir/uns mit Rechnung

____ Expl. ______________________ Best.-Nr. ________

____ Expl. ______________________ Best.-Nr. ________

____ Expl. ______________________ Best.-Nr. ________

☐ Ja, bitte schicken Sie mir kostenlos Ihren aktuellen Gesamtkatalog zu.

Bestellen Sie bequem direkt bei uns!
Telefon: 0 41 63/81 40 40
Fax: 0 41 63/81 40 50
E-Mail: info@persen.de

Bitte kopieren und einsenden an:

Persen Verlag GmbH
Postfach 260
21637 Horneburg

Meine Anschrift lautet:

Name/Vorname

Straße

PLZ/Ort

E-Mail

Datum/Unterschrift